KB176005

독일 여행을 준비하는 이들을 위한 인문 여행서

독일을
즐기는 건배사

독일 여행을 준비하는 이들을 위한 인문 여행서

독일을 즐기는 건배사

초판인쇄 2018년 11월 16일
초판발행 2018년 11월 16일

지은이 전나래
펴낸이 채종준
기획 · 편집 이아연
디자인 김예리
마케팅 문선영

펴낸곳 한국학술정보(주)
주소 경기도 파주시 회동길 230(문발동)
전화 031 908 3181(대표)
팩스 031 908 3189
홈페이지 http://ebook.kstudy.com
E-mail 출판사업부 publish@kstudy.com
등록 제일산−115호(2000. 6. 19)

ISBN 978-89-268-8597-0 03980

독일 여행을 준비하는 이들을 위한 인문 여행서

독일을 즐기는 건배사

A TOAST TO
GERMANY

글 · 사진 / **전나래**

이담
Books

독일이라는 나라는 참 낯설고 어려웠다. '독일'이라는 이름을 들으면 세계 대전, 히틀러의 나치 국가, 우리와 같은 분단의 역사를 지닌 곳과 같은 무거운 키워드가 가장 먼저 떠올랐기 때문일지도 모른다. 아니면 안개가 자욱한 산기슭에 아련하게 솟아있는 노이슈반슈타인성 그림에서 느껴지는 분위기에 압도당했기 때문일지도 모르겠다. 아마 한국에서 접했던 독일 관련 서적이나 다큐멘터리에서 독일인들의 조금은 차갑고, 규칙과 규율을 무척이나 중요시하는 진지한 모습, 춥고 쓸쓸해 보이는 마을 풍경에서 받은 인상도 한몫 했을 것이다. 이런 이미지를 통해 나도 모르는 사이 독일이란 나라에 거리감이 생겼나보다. 낯을 많이 가리는 내성적 사람이 오랜 시간을 거쳐 견고한 우정을 쌓듯 나 역시 독일에 온지 몇 년이 지나서야 이 나라의 문화와 역사 그리고 사람들에 대한 애정이 싹트기 시작했다. 그리고 마침내 독일에 대한 재미있는 이야기들을 주변 사람들에게 조근조근 들려주고 싶은 욕심마저 생겼다.

이 책은 그런 이야기들의 집합체로 독일에 관심이 있는 독자들, 한번쯤 독일 방문을 꿈꾸는 여행자들, 그리고 나처럼 독일을 제2의 삶의 터전으로 고민하는 사람들이 조금 더 열린 마음으로 독일 안에 들어올 수 있도록 이끌어주는 편안한 가이드가 되어 주기를 소망하는 마음으로 집필했다. 역사를 철저히 인정하고 반성하는 사람들, 축구 그리고 맥주 외 다른 매력 포인트가 얼마나 많은지 독자들이 알게 된다면 좋겠다. 단순히 저자의 짧은 경험이나 생각을 나열하는데 그치거나 편협한 시각을 일반화하는 오류를 피하기 위해 본인은 끔찍이 싫어하지만 독일인들은 술만 있으면 24시간도 할 수 있다는 토론을 인정사정 없는 독일인들과 여러 차례 가지는 고통을 감수했다. 그럼에도 불구하고 완벽히 객관적일 수 없는 인문서 한계를 독자들이 염두에 두고 뮌헨 근교 호수를 산책하는 가벼운 마음으로 글을 읽고 공감해주면 좋겠다는 자기 방어도 곁들여 본다. (나는 참으로 겁이 많은 작가다)

1장은 독일의 음료, 특히 주류 문화를 중심으로 구성했다. 독일인의 역사와 삶에서 도저히 뗄 수 없는, 떼어서는 안 되는 맥주가 이야기의 시작이다. 그저 역사가 오래되어서 아니면 세계적인 맥주 축제가 있어서 독일 맥주가 최고로 불리는 것만은 아닐 테다. 따라서 독일 맥주가 세계적으로 인정받게 된 배경을 먼저 풀어냈다. 독일에는 평생 다 마셔 보기도 힘들 정도로 많은 종류의 맥주가 있지만 그중에서도 각 지역을 대표하는 몇 가지 맥주들을 담았다. 맥주 외에 슈납스(허브 주)와 독일의 유명 와인, 그리고 다른 나라에서 찾기 어려운 특별한 독일 음료들에 대한 소개도 추가했다.

2장은 독일의 음식이다. 한국인이 사랑하는 미국 코미디언, 코난의 TV쇼에도 등장할 만큼 유명한 독일의 소시지부터 맥주와 환상 궁합을 자랑하는 고칼로리 독일 요리들을 파헤쳐본다. 독일 음식 문화에서 빵이 빠질 수 없다. 프랑스의 빵과는 달리 버터가 거의 들어가지 않는 투박스런 독일 빵이 없었다면 빵순이인 내가 이토록 오래 독일에서 살아남지 못했을 테니 말이다.

3장은 재미없기로 소문난 독일을 조금이나마 재미있게 보낼 수 있는 축제와 행사들을 소개해본다. 뮌헨에만 있는 줄 알았지만 사실은 지역마다 열리는 맥주 축제, 브라질 리오 카니발만큼이나 거대한 퍼레이드, 베스트팔렌지역의 카니발과 독일다움을 가장 잘 만끽할 수 있는 크리스마스마켓. 마지막으로 값비싼 독일의 박물관을 뽕 뽑을 수 있는 유일한 기회인 뮤지엄나흐트를 담았다. 독일 여행 시, 이런 행사들을 염두에 두고 일정을 짠다면 짧은 기간에도 현지인들의 '흥'을 경험하는 좋은 기회가 되리라 확신한다.

독일은 국토가 손바닥처럼 넓직하다. 규모도 큰 편이라 독일 전체를 여행하려면 꽤 오랜 시간이 걸리고 비용도 만만치가 않아 종종 여행 루트를 추천할 때 독일을 동서남북으로 쪼개어 설명해주곤 한다. 함부르크가 대표하는 북부 지역, 베를린과 드레스덴이 대표하는 동부 지역, 쾰른 대성당이 우뚝 서있는 서부 지역 그리고 뮌헨을 중심으로 바이에른 주가 차지하는 남부 지역으로 분류해놓고 보면 각각의 지역들이 매우 다른 특색을 지닌다는 것을 보다 쉽게 이해할 수 있다. 4장에서는 이 지역들의 문화적 특징들을 들려줌과 동시에 대표적인 도시들에서 꼭 추천하고 싶은 인상적인 장소들을 소개하는 데 목적을 두었다.

✦ Contents ✦

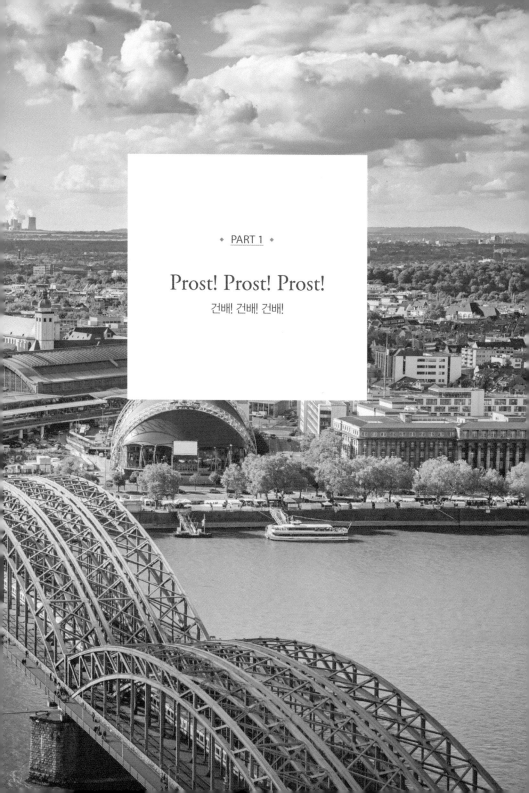

◆ PART 1 ◆

Prost! Prost! Prost!
건배! 건배! 건배!

맥주는
독일인의 피와 살이다

독일맥주는
어쩌다 세계 최고로 불리게 된 걸까?

나는 맥주에 대해 이야기할 자격이 없다. 맥주 한 잔만 마셔도 온몸이
토마토가 되는 알코올 해독 능력 제로인 탓에 맥주는 물론, 술과는 이렇다
할 친분이 없었기 때문이다. 독일에 오기 전까지 내게 맥주란 것은 10대 때
는 마시면 안 되는 금기지만 환상이 가득했던 어른의 음료였고 막상 성인
이 된 이후에는 맛에 크게 실망해버린 보리 술에 불과했다. 광고에 나오는
쿨한 사람들이 행복에 젖은 얼굴로 '캬아-' 하고 탄성을 내지르며 마시던
맥주가 고작 이거란 말인가? 이 시큼 텁텁하고 끝 맛은 쌉쌀하기까지 맥주
란 놈을 왜 이렇게 모두가 좋다고 마셔대는지…. 왠지 나는 아직 진정한 어
른이 되지 못해서 그 맛을 모르는 것 같은 패배 의식마저 들었다. 맥주를
천천히 알아갈 만한 시간을 갖지 못한 채 대학 시절 엠티, 소개팅 그리고
직장 생활의 꽃인 회식을 거치며 반강제로 맥주를 들이키기 시작했다. 당
시 사회생활에서 맥주란 빨리 취하고자 소주와 섞어 마시는 일종의 촉매제

에 불과했던 것 같다. 게다가 그때까지 우리에게 주어진 선택권이란 O사와 H사의 맥주뿐이었으니 어떤 맥주가 맛있고 좋은지 생각하는 것이 별 의미가 없었다는 것이 나름의 변명은 될 수 있을 것 같다.

　이러니 독일의 맥주가 세계적으로 유명하다는 것은 내게 그렇게 대단한 것은 아니었다. 그러나 독일, 특히 맥주 자부심으로는 세계 으뜸가는 뮌헨에 살게 된 이상 맥주를 예전처럼 홀대할 수는 없는 노릇이었다. 적어도 이곳에 사는 사람이라면 뮌헨에 있는 Top 6 맥주는 마셔봐야 하고, Top 5 비어가든도 가봐야 하며 옥토버페스트에 가서 1리터짜리 마스(Mass)를 두 잔 정도는 가뿐히 들이켜야 뮌헨 산다고 당당히 말할 수 있지 않을까? 나는 이런 소박한 마음가짐으로 독일 맥주에 입문했다. 물론 대단한 반전은 없다. 나는 여전히 맥주 전문가가 아니고 맥주를 끔찍이 사랑하지도 않는다. 그저 조금 달라진 것이 있다면, 가끔 땀을 빼고 나면 '아~ 시원한 필스를 마시고 싶다'는 생각이 든다거나 '동독 끝자락에 있는 괴를리츠(Görlitz)

"너의 존재는 네가 마시는 것이다"라 쓰여진 기네스 광고판 지역 흑맥주는 다른 것보다 훨씬 달다. 설탕을 엄청 넣었나.' 하는 정도의 추리가 가능하다는 것이다. 또한 왜 많은 사람들이 한국의 맥주가 술에 물 탄 듯 물에 술 탄 듯 맛 없다고 하는 건지 공감할 수도 있게 되었다.

독일인들의 맥주 자부심을 들어보면 어쩐지 부러운 마음이 든다. 한국인의 소주 사랑과도 비교가 안될 것 같은 이들의 거대한 맥주 부심은 독일이 맥주의 기원이라는 역사적 배경과 세계 어느 곳에서도 찾을 수 없는 맥주순수령(Reinheitsgebot - Beer purity law)의 존재에 큰 바탕을 둔다. 이는 독일 맥주가 세계적으로 인정받는 이유이기도 하다. 맥주순수령이라니! 그 이름에 괜히 손발까지 오그라드는 느낌이다. 이 세상은 온갖 불순물로 오염이 되었지만 맥주만큼은 깨끗하게 지켜주겠다는 의지가 담겨있는 것만 같다. 적어도 이 순수한 맥주를 마시는 순간만큼은 우리도 때묻지 않은 존재가 될 수 있다는 듯 말이다. 땀을 뻘뻘 흘리고 돌아온 길에, 회사에서 상사에게 실컷 터지고 울며 돌아오는 길에 들이킨 시원한 맥주 한 잔이 주는 해방감을 떠올려보면 '맥주의 순수함'이란 것이 온몸으로 이해가 된다. 맥주순수령은 맥주 양조에 쓰이는 재료를 엄격히 규제하는 법이다. 이 법에 따라 맥주에 사용되는 재료는 맥아, 홉, 물과 이스트로 제한된다. 법이 처음 만들어졌을 당시는 이스트가 알려지기 전이라 보리 맥아, 홉, 물까지 세 가지 재료만 명시되었다. 이외 재료가 들어간 맥주는 독일 맥주로 인정받을 수도 판매될 수도 없었다. 대부분의 양조장은 이 법을 무척 존중하고 따르는 편이다. 그리고 매년 이 법이 공표된 4월 23일 많은 곳에서 기념 행사가 열린다.

맥주순수령이 처음 만들어진 것은 1516년, 약 500년 전이다. 바이에른 공국의 빌헬름 4세가 처음 공표한 법으로 초기에는 명령의 효력이 바이

에른을 포함한 독일 남부 지역에만 미치다가 1906년에 마침내 범국가적으로 적용되었다. 맥주의 오래된 전통을 지켜나가기 위한 의도였을까 예상했지만 실은 경제적인 이유가 컸다. 가장 중요한 이유는 주식인 빵에 쓰이는 밀과 호밀이 맥주 재료로 사용되는 것을 금지하여 맥주나 빵의 값이 오르는 것을 막기 위함이었다. 그리고 환각을 야기하거나 독성이 있을 수 있는 허브 또는 독초 사용을 제한하기 위한 목적도 있었다고 한다. 더불어 이교도들의 종교 의식에 종종 사용되는 '그룻'이라는 곡물 생산을 억제하기 위함도 있었다. 재료의 제한이 없었다면 음주자를 더 빨리, 더 독하게 취하게 만드는 짜릿한 맥주로 발전할 수도 있지 않았을까 하는 짓궂은 상상을 해본다.

독일의 맥주순수령이 식품 안전과 관련한 가장 첫 법안이라는 주장도 있다. 이는 끊임없이 도전을 받고 있지만 적어도 맥주순수령이 맥주 양조와 관련한 가장 유명하고, 가장 영향력이 큰 규제인 것만큼은 확실하다. 그러니 오늘날 세계 최고라 일컫는 독일 맥주의 명성은 적어도 절반 이상 이

특별한 법안에 힘입은 것이다. 길을 가다 마주친 독일인에게 물었을 때 열에 아홉은 맥주순수령을 설명할 수 있을 정도로 법안이 잘 알려져 있고 또 그들에게 주는 의미도 크다. 그도 그럴 것이 슈퍼에서 파는 맥주병이나 동네 맥줏집 간판에 '이 맥주는 1516년에 만들어진 맥주순수령에 맞추어 양조 되었음' 혹은 '맥주순수령을 기념하며', '맥주순수령에 따라 양조되어 품질이 보증된' 등의 자랑스런 문구를 쉽게 찾아볼 수 있다.

그렇다면 이 법안이 생기기 전에 다른 재료들로 양조되었던 맥주들은 다 어떻게 되었을까 의문이 생긴다. 특히 오랫동안 그만의 특별한 방법과 재료로 양조되어 지역민에게 사랑 받았던 맥주라면 뒤늦게 생긴 법안 때문에 맥주 생산을 접기도, 바꾸기도 너무 억울하지 않았을까? 불행히도 법에 저촉되는 다양한 맥주들, 특히 지역 특산 맥주들은 별 저항도 해보지 못하고 역사 속으로 사라져버렸다. 불행 중 다행이라면 쾰른의 쾰시, 뒤셀도르프의 알트비어, 고슬러의 고제와 같은 소수의 지역 특산 맥주들이 오랜 싸움 끝에 순수령에 제약을 받지 않는 '예외' 맥주로 인정받아 오늘날까지 엄청난 소비량을 자랑하는 그 지역의 전통 맥주로 살아남게 되었다는 것이다. 융통성이 없기로 유명한 독일인이지만 다양한 맥주를 사랑하는 마음이 더 커서였는지 이후에도 법안은 여러 차례 개정되는 유연함을 뽐냈다. 예컨대 법안에 명시된 이외의 재료를 사용해 양조된 맥주는 본래 판매 자체가 금지되었지만, 2005년 이후에는 맥주라는 라벨을 사용하지 않는다는 조건 아래 판매가 가능하도록 변경되었다. 상면발효 맥주(Top fermented beer)는 정제 설탕과 같은 첨가제를 추가해도 되었고 하면발효 맥주(Bottom fermented beer)는 순수 홉이 아닌 홉 추출액을 넣어도 되도록 바뀌었다. 이런 작은 예외 조항들 덕에 글루텐 없는 맥주, 과일 향이 나는 맥주 등 다양한 맥주도 독일 맥주라는 영광스런 이름을 달고 우리 갈증 해소에 큰 몫을 하게 되었다.

참고로 맥주순수령은 유럽연합의 식품, 음료 관련 법에 모순된다. 그러나 전통 음료의 보호 목적을 더 중요한 것으로 평가해 유럽연합 법 안에서도 예외적인 법으로 보호받게 되었다. 다만, 다른 유럽연합국가에서 생산된 맥주는 맥주순수령을 따르지 않아도 맥주라는 이름으로 독일 내에서 판매될 수 있도록 양보하는 조건이었다.

독일 맥주가 처음 만들어진 것이 정확히 언제인지는 기록에 남아 있지 않다. 다만, 대부분의 학자들이 적어도 3천년 이상이라는 데 동의한다. 너무 큰 숫자라 별 감흥을 주지 않다가도 3천년 전이 청동기 시대라는 걸 기억하는 순간 선조들의 지혜에 다시 한번 감탄하게 된다. 게다가 당시에는 오늘날 독일인을 구성하는 슈바비안, 바바리안, 색슨, 알레만 같은 원시족이 아직 '게르마니아(오늘의 독일)'로 불리기도 전인데 이들이 모두 이미 맥주 양조를 하고 있었다고 하니 독일어를 제외하고 독일인을 규정하는 문화적 특징은 단연 맥주이다. 독일 맥주에 대한 첫 역사적 기록은 독일 원시민족에게 '게르마니아(Germania)'라는 이름을 붙여준 로마 제국 지배자였다. 그들이 묘사한 맥주는 어쩌면 그렇게도 맥주를 처음 접하는 사람의 마음을 잘 표현했나 싶을 정도다. '대체 독일인들은 왜 이따위 음료를 마시는 거야?'라고 말이다. 그들은 맥주를 그저 저급한 보리 음료 또는 보리 와인이라고 여겼는데 특히 그 맛은 이로 말할 수 없는 이상한 것으로 때로는 오크나무 껍질 같기도 하고 때로는 황소의 쓸개 같다고 묘사했다. 물론, 그 로마인들은 나중에는 소 장기 같다고 묘사한 오묘한 맥주 맛을 누구보다 더 좋아하게 되었을 테다. 실제로 오늘날 독일 맥주 수입을 가장 많이 하는 나라가 바로 로마 제국의 본토, 이탈리아니 말이다.

대부분의 술이 귀족이나 지배 계층의 전유물로 여겨지던 것과는 달리 독일 맥주는 AD 8세기까지는 일반 가정의 여성들이 양조하여 마시는 술이었다. 이후부터 11세기 봉건 영주가 양조 시설을 지배, 관리하기 전까지는 수도원의 수녀와 수도자들이 맥주 생산을 도맡았다. 기독교나 이슬람교에서 신자들의 음주를 금지하는 것과 반대로 성직자들이 술을 마시는 것도 모자라 생산까지 했다니 무언가 앞뒤가 맞지 않는 느낌마저 들지만 실은 수도 생활을 더 잘하기 위한 목적이 컸다고 한다. 사순절이라 불리는 기도와 절식 기간을 보다 잘 견뎌내기 위함이다. 절식 기간에 음식 제한은 엄격했지만 음주는 허용되었기 때문이다. 각각의 수도자에게 허락된 음주량은 하루에 약 1갤런(약 3.7리터)이었단다. 500ml 맥주를 7캔이나 마실 수 있다니! 꽤나 괜찮은 조건의 사순절이 아닌가? 특히 당시에 만들어진 맥주는 빵 덩어리를 발아시킨 후 물에 담가 발효시킨 흑맥주라 갈증은 물론 단백질에 목마른 배를 오랫동안 든든히 채워주는 존재였을 것이다. 수도자들 덕에 맥주 생산은 계속 늘어났고 결국 교회에서는 수도원에 있는 바에서 일반 시민들에게 남은 맥주를 팔 수 있도록 허락해 주었다. 이렇게 생겨난 수도원 양조장 중 현재까지 운영되는 가장 오래된 곳이 뮌헨 근교 프라이징에 있는 '바이엔슈테판(Weihenstephan)'이라는 곳이다. 뮌헨을 여행하는 사람이라면 꼭 한번 들러 역사적인 맥주 한잔을 꼭 마셔봤으면 하는 바람이다.

　　독일의 각 지역을 거닐다 보면 식당이나 바 간판 위에 그곳에서 판매하는 맥주의 종류가 무엇인지를 표시하는 작은 간판이 추가로 달려 있는 것을 볼 수 있다. 대개 식당들은 지역이나 그 주에서 만들어지는 맥주를 우선적으로 판매한다. 그래서 독일 사람들 또한 다른 도시를 방문, 여행할 때는 그곳의 맥주를 맛보며 비평하는 것을 즐긴다. 프랑크푸르트 출신 친구가 뮌헨에 놀러 와 저녁 식사 차 함께 식당에 갔을 때였다. 친구는 음료로 '필스(Pils)'를 주문했는데, 웨이터가 장난끼 가득한 눈으로 친구에게 "필스(Pils)아니면 헬레스(Helles)?" 하고 되묻는 것이었다. 맥주 역사가 바이에른 주에서 시작되었다고 믿는 바이에른 사람들에게 필스는 역사가 가장 짧은 순해 빠진 모던 맥주에 불과하여 종종 타지에서 온 사람들이 필스를 주문하면 농담 반, 진담 반으로 조롱을 하는 경우도 있다. 독일에서는 그 지역에서 생산된, 유명한 맥주를 마셔줘야 예의다.

2016년 집계 기준으로 독일의 양조장 수는 무려 1,500개에 달한다. 맥주 브랜드 종류는 무려 5,000 가지가 넘는단다. 이는 매일 다른 맥주를 한 잔씩만 마셔도 모든 브랜드 맥주를 마시는 데 13년이 넘게 걸린다는 의미다! 매년 새롭게 생겨나는 곳과 문을 닫는 곳을 감안하더라도 입이 벌어질 만한 맥주 공화국임은 확실해 보인다. 이 중 40% 이상의 양조장이 바이에른 지역에 있고 그 뒤는 바덴뷔르템베르크(Baden-Württemberg)가 따른다. 양조장 수가 가장 적은 주는 동북 쪽의 베클렌부르크 지역이다. 이외 지역에 지역적 특성을 마구 뿜는 다양한 종류의 맥주가 열심히 생존 전쟁을 벌이고 있다. 관광객 유치를 위해 예전과는 달리 영어로 양조장 방문 프로그램을 제공하기도 한다.

어떤 사람들은 재료를 제한하는 독일의 맥주순수령이 창의적이고 다양한 맥주 생산을 저해하여 점점 젊은 세대로부터 멀어지고 있다며 비판하기도 한다. 예컨대 맥주가 맛있기로 유명한 또 다른 나라, 벨기에의 경우 과일 향이 풍부한 생맥주가 무척 다양해 젊은 여성층에게 인기가 많은데 독일은 전통적인 맛만 너무 고집한다면서 말이다. 이런 틈을 타 베를리너 바이스(Berliner Weiße)라는 베를린 지역의 맥주는 과일 시럽을 같이 제공하는 것으로 인기를 끈다. 베를린을 여행하는 사람이라면 꼭 한번 산딸기 시럽을 넣은 밀맥을 마셔보기를 추천한다. 맛도 색상도 무척 색다르게 느껴질 테니!

독일의 각 지역의 맥주 중 독일인에게 인기 있는 맥주 종류를 꼽자면 밀맥의 대표 주자는 단연 뮌헨의 바이젠비어(Weizenbier)와 앞서 언급한 베를리너 바이스비어(Berliner Weiße)가 있다. 라거 부분에서는 크롬바커의 필스너

(Pilsner), 쾰른의 쾰시(Kölsch), 바이에른 지역의 헬레스(Helles), 도르트문트의 엑스포트(Export)가 잘 알려져 있다. 흑맥 분야에선 무척 진한 맛으로 유명한 동독-코트부스, 괴를리츠 지역-의 슈바쯔비어(Schwarzbier), 뒤셀도르프의 알트비어(Altbier) 그리고 아인벡 지역의 복비어(Bockbier)가 무척 유명하다. 이런 맥주들은 당연히 알코올 함유량도 다를 뿐 아니라 맥주잔도 각기 다르다. 그 맥주의 첫 맛을 가장 오래 보존해 주는 잔에 담아 마셔야 하기 때문이다.

쾰시나 알트비어는 그 지역에 가면 보통 200ml짜리 일자형 유리잔에 제공된다. 맥주가 미지근해지기 전 신선한 맥주를 얼른 마셔버리기 위함이다. 금세 비워지는 맥주잔에 자꾸 주문을 하기도 귀찮은 법! 그래서 이곳에선 종업원들이 아주 많은 양의 맥주잔을 끊임없이 들고 다니며 주문을 하지 않은 테이블에도 맥주잔이 비어있는 곳에 자동으로 새 맥주를 가져다 준다. 처음 쾰른에 갔을 때, 함께 간 독일 친구는 "앗, 안 주셔도 돼요!"를 외치는데도 내 말을 무시하고 맥주잔을 빠르게 놓고 가는 웨이터를 보며 당황하는 내 모습을 보고 웃어댔다. 맥주를 더 마시고 싶지 않으면 다 마

신 잔에 받침대를 올려놓으면 된다는 것을 한참 뒤에나 가르쳐 주는 것이었다. 물론 그 덕에 나는 그 날 만취상태의 아시아 여자애가 되어버렸지만. 아! 이 합리적인 시스템이란!

반대로 여행객들이 기념품으로 즐겨 찾는 맥주 머그잔은 500ml나 1리터짜리 맥주를 즐겨 마시는 남부 지역에서 많이 생산되었다. 뚜껑이 있는 머그잔도 있는데, 맥주를 마시는 동안 벌레가 들어가지 않도록 제작된 것이라고 한다. 머그잔의 장점은 약한 유리잔과 달리 다양한 장식과 그림을 넣을 수 있다는 것이다. 그래서 한참 이 맥주 머그잔이 유행했던 19세기 당시에는 화려한 맥주잔을 수집하는 취미가 인기를 끌었다고 한다. 남부 시골 지역의 독일 가정집에 방문하면 부엌에 맥주잔을 자랑스럽게 전시해 놓은 모습을 보기도 한다. 뮌헨 셰어하우스에 살던 당시 필스너 맥주를 귀차니즘에 아무 물컵에 따라 마시는 나를 보고 오래도록 맥주잔의 중요성에 대해 설명해 주던 룸메이트가 생각난다. 막걸리는 사발에, 소주는 소주잔에 정도만 알고 살았던 내가 이제 맥주잔까지 구별하며 마시고 있다니. 이런걸 보고 '독일 사람 다 됐다' 라고 하는 건가 보다.

맥주를 마시는 곳 그리고 비어가든의 자격

독일 남부 바이에른 주나 바덴뷔텐베르크 주를 날 좋을 때 방문하는 사람이라면 절대 그냥 지나칠 수 없는 곳이 바로 비어가든(Biergarten)이다. 비어가든에서 방금 뽑은 생맥주 1마스(1리터) 한 잔을 들이키지 않았다면 독일인들에게 "에이 여행 마무리를 제대로 못했네!"라며 핀잔을 듣기 일쑤다.

이름만 들으면 뭐가 그렇게 특별한가 싶다. 우리나라만 해도 산장가든, 초원가든 등 야외에서 고기를 구워 먹으며 술 마실 수 있는 식당이 많지 않은가. 가든은 그저 야외에 있는 펍, 레스토랑 따위를 부르는 사소한 이름이라고 오해했다. 그러나 남부 지방 사람들에게 비어가든은 역사가 깃든 공간이자 비어가든에 가기 위해 겨우내 얼른 봄이 와 비어가든이 열기만을 기다리게 하는 최고의 여가공간이었다. 그만큼 다른 지역 사람들이 꽤나 부러워하는 문화이기도 했다. 게다가 누구든 원한다고 해서 본인이 운영하는 식당에 비어가든이란 이름을 붙일 수 없다고 한다. 역시 규칙을 좋아하는 독일인답다.

비어가든이 처음 생겨난 것은 16세기라고 한다. 당시는 유럽의 기후가 무척 건조하여 산불이 잦은 때였다. 남부 지역의 대부분의 건물은 나무조각을 안팎으로 덧댄 목골조 건축 양식으로 지어졌는데 이는 특히 불에 잘 타버리는 약점이 있었다. 게다가 맥주 양조에 사용되던 석탄 불은 화재 위험을 더 높였다. 알브레히트 5세 바이에른 공작은 이런 화재를 우려하여

건조한 봄부터 가을까지 맥주 생산을 제한했다. 따라서 양조장들은 겨우 내 맥주를 많이 생산하여 여름내 맥주를 마실 수 있도록 차가운 곳에 대량 으로 저장할 수 있는 방법을 찾아야 했다. 땅속 깊이 지하 저장고를 만들었 고 점점 그 크기를 넓혀갔다. 특히 이때 바이에른 주에서는 뮌헨 한가운데 를 지나는 이자(Isar) 강을 따라 맥주 양조장을 짓고 저장고를 넓히라고 명령 했다. 구글 지도에서 뮌헨 비어가든을 검색하면 우리가 잘 아는 파울라너 (Paulaner) 브랜드 양조장을 포함해 10곳이 넘는 양조장이 이자 강을 따라 줄 지어 있는 것을 볼 수 있는 이유다. 또한 맥주 저장고의 낮은 기온을 보다 잘 유지하기 위해 이파리가 무성해 그늘이 잘 지는 카스타네아(유럽 밤나무)를 많이 심기 시작했다. 시간이 지나면서 양조장들은 카스타네아 그늘 아래 에 자갈돌을 깔고 긴 테이블과 의자를 설치해 맥주를 팔기 시작했는데, 기 존의 술집, 식당 주인들의 반발이 워낙 심해 맥주 판매가 잠시 중단된 적도 있었다. 그러다가 결국 비어가든이 맥주를 팔도록 허락하는 대신, 술집이 나 식당의 피해를 최소화하기 위해 빵 외에 다른 어떤 음식도 판매할 수 없 다는 제약을 두었다. (참고로 이 제약은 19세기 들어와 다시 삭제되었다.) 비어가든을 방문 하는 손님들은 이내 직접 먹을 음식들을 싸와 맥주만 시켜 먹었고 이것이 비어가든의 중요한 전통이 되었다. 남부 지역 사람들에게 "무엇이 비어가 든을 규정하나요?"라고 물으면 앞서 말한 몇 가지를 섞어 이야기한다. "비 어가든에는 카스타니아 나무가 있어야 하고, 자갈돌이 바닥에 깔려 있어야 하죠. 긴 나무 테이블도 있어야 하고요. 아 참, 마지막으로 가장 중요한 건, 외부 음식을 가져와서 먹어도 된다는거예요!"라고 말이다.

맥주가 어려운 사람을 위한 혼합맥주, 라들러

사실 내가 가장 좋아하는 맥주, 아니 맥주 음료는 라들러(Radler)이다. 필스(Pils) 또는 바이젠비어(Weizenbier, 밀맥주)에 레몬에이드를 6:4 비율로 섞어 만든 것으로 레몬에이드의 청량감과 단맛이 맥주와 잘 어우러져 꿀꺽꿀꺽 금세 목구멍으로 넘어간다. 그래서 낮술을 하기엔 조금 부담스러운데 시원한 맥주 한잔에 갈증을 해소하고 싶을 때 선택하는 것이 바로 이 라들러다. 남녀노소 모든 독일인에게 사랑받는 혼합 음료인지라 대부분의 양조장에서 동일 브랜드의 라들러도 생산한다. 드물게 필스나 바이젠비어가 아닌 에일과 레몬에이드를 섞은 라들러를 파는 양조장이 있다. 맥주 자체에 과일 향이 많이 나는 에일과 레몬 향이 섞여 훨씬 더 상큼한 맛이 짙어지는 덕에 여성들에게 특히 인기가 좋다.

진정한 바이에른 사람이라면 펍에 가서 가장 먼저 500ml의 헬레스를 마셔 급한 갈증을 해소하고 두 번째로 라들러를 마시며 더위를 이겨내

며 마지막으로 1리터의 바이젠비어로 굶주린 배를 채운다는 이야기가 있다. 이를 통해 라들러가 바이에른 지역에서 탄생했다는 것을 예측해볼 수 있다. 라들러는 우리나라 말로 직역하면 자전거를 타는 사람인데 바로 이 음료의 탄생 유래와 관련이 있다. 바이에른 주 뮌헨 근교에 위치한 오버하힝이라는 지역에서 레스토랑을 운영하는 프란즈 쿠글러라는 사람이 있었다. 이 레스토랑은 한적한 숲길 옆에 위치해 자전거를 타는 사람들이 특히 많이 찾는 곳이었다. 1922년의 어느 날 갑자기 많은 사이클리스트들이 식당을 찾아 맥주가 거의 동이나기 일보직전이었는데 그때 프란즈가 기지를 발휘하여 남은 맥주를 레몬에이드에 섞어 제공한 것이었다. 그는 고객들에게 맥주가 떨어졌다고 이야기하지 않고 그들이 집에 안전히 잘 귀가할 수 있도록 돕는 약한 도수의 혼합 맥주를 발명했다고 선전하여 흥미를 끌었다고 한다. 그렇게 만들어진 음료가 인기가 많아지며 라들러라는 이름으로 널리 알려지게 되었다는 것이다. 물론 이 유래에도 반기를 들며 1900년 이전부터 맥주와 레몬에이드를 섞어 마시는 문화가 있었다고 주장하는 사람들도 있다. 그러나 적어도 확실한 것은 자전거 타는 사람이라는 재미난 이름으로 이 음료가 판매된 것은 프란즈의 레스토랑이 처음이라는 것이다.

라들러는 굳이 사먹지 않아도 집에서 충분히 만들 수 있다. 다만 생각하는 대로 맛있는 라들러를 만들기는 참 쉽지 않은데, 그 이유는 맥주와 레몬에이드 모두 잔에 따를 때 탄산으로 인한 거품이 많이 생기기 때문이다. 맥주 장인인 독일인들에 따르면 가장 좋은 방법은 큰 잔에 맥주를 먼저 따른 뒤 레몬에이드를 아주 천천히 붓는 것이다. 거품이 올라와 레몬에이드를 모두 붓는 데 시간은 조금 오래 걸리지만 맥주보다 무거운 성질의 레몬에이드가 아래쪽으로 천천히 가라앉으면서 맥주와 자연스럽게 잘 섞여 완벽한 맛을 낸다고 한다. 그리고, 무엇보다 가장 중요한 것은 비율이다. 꼭 6:4의 비율을 맞추어야 가장 맛있다고 하니 한 번 도전해봐도 좋을 것 같다.

레몬에이드를 섞은 맥주가 있다면 콜라를 섞은 맥주는 없을까? 우리가 오래도록 사랑했던 맥콜이 떠오른다. 물론, 콜라를 섞은 맥주도 독일에 있다. 이 음료는 지역에 따라 단순히 콜라비어로 불리거나 어두운 색깔 때문에 네거(흑인. 검정색), 디젤, 슈뭇츠(흙) 등으로 불리기도 한다. 라들러만큼 인기가 높지도 않고 펍에서 흔하게 찾을 수도 없지만 종종 남부 또는 북부 지역의 펍에서 콜라와 맥주를 섞어 달라고 하면 직접 만들어 주기도 한다. 비트버거(Bitburger)나 웨팅어(Oettinger) 같은 브랜드 양조사에서 콜라비어 병맥주를 판매하는데 독일인 사이에서도 이 맥주 음료에 대한 호불호가 많이 갈려 선뜻 추천하기는 어렵다.

언제 어디서나,
프로스트!

독일의 연간 맥주 생산량은 단연 세계 1위지만 인당 맥주 소비량은 놀랍게도 세계 1위가 아니다. 인당 맥주 소비량 1위는 언제나 높은 차이로 체코가 차지하고 고작 2~4위를 놓고 폴란드, 오스트리아와 자리 싸움을 하는데 그친다. 그럼에도 불구하고 유독 '맥주!' 하면 독일이 먼저 떠오르는 이유는 맥주를 삶의 일부로 녹여낸듯 언제 어디서나 맥주와 함께하는 문화와 마케팅 덕일 것이다. 옥토버페스트만 해도 그렇다. 체코 프라하에서 열리는 맥주 페스티벌도 꽤 크고 유명하지만 옥토버페스트가 불러오는 전 세

계 관광객에 비할 수 없다. 저렴한 맥주 값도 맥주의 일상화를 오래도록 뒷받침했다. 경제력이 훨씬 낮은 체코나 폴란드에 비교해도 손색이 없다. 독일과 국경을 접하는 네덜란드, 벨기에, 덴마크, 스위스에서 먼 길 차를 운전해서 독일까지 와 맥주를 몇 박스씩 사가는 사람들도 심심치 않게 볼 수 있다. 다른 나라에서는 병당 가격이 2배에서 많게는 5배에 이르니 드라이브 할 겸 집을 나서 독일 맥주를 사러 오는 것이 근처 국가에서는 꽤나 괜찮은 나들이가 될 수 있다. 이런 유럽인들을 볼 때면 코옆에 다른 나라가 붙어 있고 국경을 넘어갈 때도 자유롭게 왕래할 수 있어 마음껏 다른 나라를 여행할 수 있는 것이 다시금 무척 부러워진다.

공공장소의 음주가 법으로 규제되는 세계적 추세와는 정반대로 독일에서는 공공장소에서 맥주를 마시는, 그것도 대놓고 마시는 독일인들을 아주 쉽게 볼 수 있다. 공원이나 산책로, 호수, 거리 벤치는 특히 독일인이 좋아하는 음주 장소다. 특히 축제가 있는 기간에는 마을 사람 전체가 거리에 나와 맥주병을 들고 건배를 외치는 것 같다. 점심시간에 회사 근처 식당에 가보면 멀끔한 양복차림의 회사원들이 함께 점심을 먹으며 맥주 한 두 병을 마시는 것도 흔히 볼 수 있다. 불법도 아닌데다 업무에 지장을 주지 않는 한도에서는 근무 시간 중 음주를 나무라는 사람은 없기 때문이다. 게다가 출근 전과 퇴근 후에 마시는 맥주에 각 'Gute-Morgen-Bier(굿모닝 맥주)' 그리고 'Feierabendbier(퇴근 맥주)'라는 별명까지 붙여주며 긍정적 이미지를 부여했다. 출퇴근 시간 거리에 있는 대중교통 정류장에 서류 가방을 들고 앉아, 한 손에 맥주병을 들고 들이키는 독일인들을 보면 이중적 마음이 든다. 서울 한복판에서 출근길에 누군가 맥주를 들이키고 있다면 왠지 측은한 마음 반 꼴 보기 싫은 마음 반으로 색안경을 끼고 그 사람을 봤을 것만 같은데, 독일에서는 그저 평범한 일상처럼 받아들여지는 것에 대한 일종의 죄책감이랄까? '하루의 일을 시작하기 전 몸과 마음을 깨우기 위한 청량한 맥주 한 잔과 오늘 하루 직장에서 받았던 스트레스를 날려 버리는 시원한 맥주 한 모금을 만끽하는 자유로운 독일인.', '어둡고 칙칙한 날씨 속에서 우울증에 빠지지 않고 앞으로 전진하기 위한 생존 전략의 하나로 맥주를 마시는 독일인이구나.' 이렇게 마구 옹호하면서 말이다.

독일인이 어떻게 맥주를 놀이 문화로 만들었는지 보면 투박하고 무뚝뚝한 독일인의 모습은 싹 잊히고 그들의 깜찍함과 귀여움에 웃음이 난다. 독일에 와 처음 맞이하는 아버지의 날이었다. 뮌헨 동네를 걷는데 커다란 덩치의 중년 남성 10명이 요란하게 생긴 버스 같은 차 위에서 신나게 맥주를 들이키며 지나가는 것이 아닌가? 맥주 자전거(Bierradler)라 불리는 이것은 트럭같이 생긴 커다란 오픈카에 핸들을 조종하는 운전자가 앞에 앉아 있고 운전자 바로 앞에 거대한 맥주 통이 설치되어 있다. 운전자 뒤 양옆으로 맥주 탭이 설치된 긴 테이블이 있는데 그 뒤 일렬로 탑승자들이 앉아 발로는 열심히 페달을 밟고 손으로는 맥주를 따라 마시며 동네를 누비고 다니는 것이다. 큰 통에 맥주가 다 비워질 때까지 자전거 위에서 천진난만한 시간을 보낸다. 미국의 파티 차가 고급스럽게 꾸며진 리무진이라면, 독일의 파티 차는 필요한 것만 완벽히 구비되어 있는 이 소박한 맥주 자전거 인 것 같다. 카네이션 하나 가슴에 걸고 가족을 위해 일하고 돌아와 가족과 함께 식사를 하는 대한민국 아빠들의 어버이날과는 달리 가족, 집과 떨어져 친구들과 온종일 맥주를 마시는 것으로 본인들의 기념일을 자축하는 독일 아빠들의 모습이 참으로 웃프다. 맥주 자전거 외에 맥주 버스(Bierbus)나 맥주 수레(Bierwagen)도 있다. 물론 용도는 비슷하다. 이동하는 버스 안에서 아니면 맥주가 가득 담긴 수레를 끌고 다니며 맥주를 실컷 마시고 노는 것. 원한다면 직접 이런 기구를 렌트할 수 있다.

맥주와 함께하는 스포츠도 있다. 등산을 무척 좋아해서 독일인 직장 동료들에게 함께 등산을 가자고 조르던 때였다. 그랬더니 돌아오는 대답은 "그냥 등산이면 안가고, 비어라틀론(Bierathlon, 맥주와 철인삼종경기의 합성어)면 갈게!"였다. 도대체 비어라틀론이 뭐란 말인가? 알고 보니 술 못 먹는 사람은 엄두도 못 낼 스포츠였다. 이는 지역에 따라 카스텐라우프(맥주 박스 달리기), 비어라우프(맥주 달리기), 비어레이스(맥주 레이스)로 불리기도 한다. 두 명 이상의 사람이 한 팀을 이루어 맥주 한 박스를 들고 결승점까지 빠르게 도달하는 것인데, 가장 중요한 것은 결승점에 도달하기 전 박스에 있는 맥주를 모두 마셔버려야 한다는 것이다. 한 박스에 보통 맥주 20~25병이 들어있으니 실로 엄청난 양이다. 심지어 반칙을 예방하기 위해 참가자는 자신이 마신 맥주의 병뚜껑을 가지고 있다 마지막에 보여주어야 한다는 예리한 규칙도 추가했다. 이 게임은 결혼, 졸업, 취업 등 누군가를 축하해줄 때 젊은 사람들이 주로 하는데 뮌헨처럼 공식 행사를 여는 곳도 더러 있다. 처음 친구들과 이 비어라틀론을 하다가 대낮부터 술에 취해 내가 산을 오르는 건지 산이 나를 당기는 건지, 맥주가 내 몸을 꼭대기로 흘려 보내는 건지 알 수 없는 비몽사몽의 상태로 4시간을 보낸 적이 있다. 더 큰 문제는 맥주를 너무 마셔 30분마다 소변을 보고 싶었다는 것인데, 독일 남자들이야 본인들 뒷산에 양분 준다 치고 노상방뇨라도 할 수 있지만 여자인 나는 이러지도 저러지도 못하고 여러 차례 끙끙대야 했다. 아무래도 음주 게임은 가만히 앉아 진행하는 눈치게임이나 369가 최고인 것 같다.

독일의 맥주 에티켓,
프로스트!

독일인들에게 중요한 맥주 에티켓이 있다. 바로 건배를 할 때 상대방
의 눈을 꼭 쳐다보아야 한다는 것이다. 상대방의 잔을 쳐다보다 건배 후 얼
른 고개를 돌려 조심스레 술을 마시는 우리 모습과는 무척 다르다. 펍이나
바에서 맥주를 마시고 있는 독일인 그룹을 보면 인원이 몇 명이 되었던 건
배 시 한 명 한 명 각각의 맥주잔을 부딪히면서 상대방의 눈을 자신 있게
바라본 채 "Prost!(프로스트)"라고 외치는 모습을 볼 수 있다. "프로스트트으
으으!" 이 크고 우렁찬 함성에 왠지 기분이 마구 업된다. 다른 사람의 눈을
바라보며 건배를 하는 것이 너무 어색해서 나도 모르게 자꾸 눈을 피하고

잔을 쳐다 보았다. 그럴 때면 이 독일인들은 그냥 넘어가는 법이 없다. 다시 짠을 요구하며 억지로라도 눈을 마주친다. 그냥 넘어가면 무슨 큰일이라도 일어나는 마냥 말이다. 물론 이유가 있다. 눈을 보고 건배를 하지 않으면 무려 7년 동안이나 좋은 섹스를 하지 못한단다. 모든 독일인이 알고 있는 눈 보고 건배하는 관습은 언제, 어디서 정확히 유래되었는지는 아무도 증명할 수 없지만 들었던 이야기 중 가장 흥미로운 가설이 있었다. 이 가설에 따르면 권력 싸움이 심했던 중세기에 시작되었다. 당시 상대가 마시는 음료에 독을 타 살인을 하는 일이 잦아 상대 잔에 독이 없다는 것을 증명하기 위해 강하게 잔을 부딪히며 건배를 했다는 것이다. 잔을 강하게 부딪히면 각 잔에 있던 음료가 그 충격으로 조금씩 튀어 상대 잔 속으로 흘러 들어갈 수 있다. 행여 상대의 잔에 독을 넣었다면 내 잔에도 그 독이 들어갈 수 있으니 아무래도 건배를 할 때 조심하게 되고 상대의 눈보다는 술잔을 더 쳐다보게 된다는 것이다. 그래서 오늘날 술잔을 부딪힐 때 상대의 눈을 피하지 않고 쳐다보는 것이 자신감이나 정직함을 표현하는 것이 되었다. 물론 이 가설에도 7년의 나쁜 섹스에 대한 설명은 없다. 이유야 어찌됐든 부케를 넘겨받은 사람이 3개월 안에 결혼을 못하면 3년 동안 결혼을 못한다는 우리나라 미신에는 콧방귀를 뀌며 웃는 독일인에게 서툰 건배가 불러올 7년의 나쁜 섹스는 그냥 무시하고 지나치기엔 너무 가혹하게 느껴지나 보다.

맥주를 부르는 노래, 다름 아닌 독일의 트로트!

독일에 있는 맥주 축제에 가면 모든 독일 사람들이 신나게 따라 부르는 노래가 있다. 슐라거(Schlager)라는 음악이다. 단순한 리듬과 멜로디가 계속 반복되는 형태의 음악으로 독일 컨트리 음악이라고도 불린다. 따라 부르기 쉽도록 가사도 쉽다. 대개는 손발이 오그라들 정도로 상투적인 사랑과 이별 이야기를 다룬다. 우리나라로 치면 딱 트로트다. 이 음악은 세계 2차대전 이후 많이 유입된 미국 대중문화와 로큰롤에 대한 반발에서 비롯된 부분도 있다고 한다. 문화적으로 동화되는 것을 많이 두려워했던 것 같다.

실력 좋은 슐라거 음악 밴드는 지역에 있는 행사만 쫓아다녀도 돈을 잘 벌 수 있다. 다른 팝 음악이 별로 발달하지 않은 덕에 행사는 거의 슐라거 음악을 부르는 전문 그룹이나 커버 밴드가 독차지 하고 있다. 어딜 가든 꼭 한번을 듣는 노래는 '아인 프로싯(Ein Prosit, 건배!)'이라는 노래다. 맥주 축제에서는 거의 20분 간격으로 이 노래가 나오는데, 그 이유는 바로 노래의 가사가 맥주를 더 많이 마시도록 적극 장려하기 때문이다. 그야말로 음주용 음악이다. 이 음악이 나오면 독일인들은 하던 대화를 멈추고 바로 따라 부른다. 술이 얼큰하게 취하면, 자리에서 무거운 몸을 들고 일어나 테이블 또는 의자 위에 올라가 노래를 하기도 한다. 가장 중요한 후렴구의 가사에 맞춰 모두가 "술을 따르고, 마시고, 술을 따르고, 마시고!"를 외치다 마지막 부분에 가수가 "건배!"를 하면 일제히 들고 있던 맥주잔을 높이 올려 "건배!"로 응답하고는 맥주잔을 비워 버린다. 이 노래가 나올 때마다 신나서 맥주를 들이키다 보면 어느새 모두가 취해 한 마음이 된다. 맥주 축제를 방문할 계획이 있는 사람이라면 꼭 이 노래 하나는 외우고 갔으면 좋겠다. 아무렴, 모두와 함께 노래를 부르며 마시는 맥주 맛이 훨씬 좋지 않은가!

테크노나 일렉트로닉 음악에 익숙한 젊은 독일인들 중에는 슐라거가 촌스럽다고 싫어하는 사람도 많다. 이런 젊은 층을 공략해 최근 나오는 슐라거 음악은 일렉트로닉이 가미된 것도 많다. 그냥 들으면 슐라거 음악인지 잘 모를 정도로 트렌디한 팝 음악처럼 들린다. 최근 전 유럽에서 가장 유명해진 슐라거 가수는 '헬레나 피셔'라는 독일 여자 가수로 '아템로스 두이히 디 나흐트(Atemlos durch die Nacht, 밤새도록 숨가쁘게)'라는 대 히트곡을 만들어 냈다. 2013년 겨울 이후 독일을 방문했던 여행객이라면 이 노래를 거리든, 술집이든 어디서든 꼭 한번은 들어보았을 것이다. 5년이 지난 지금까지도 전 국민에게 사랑받는 음악이다. 어쩐지 한국의 장윤정이나 홍진영이 떠오른다.

내가 가장 사랑하는 슐라거 중 하나는 '리베 오네 라이덴(Liebe ohne Leiden, 고통 없는 사랑)'이라는 노래다. 유치하기 짝이 없는 사랑과 이별을 외치는 다른 슐라거와는 달리 이 노래는 아버지가 딸에게 들려주는 바람이다. 이 노래의 가수 이름은 '우도 유르겐스(Udo Juergens)'라는 중년 남성인데 실제로 이 노래는 자신의 딸 '제니 유르겐스(Jenny Juergens)'와 듀엣으로 불러 아빠와 딸의 감성이 그대로 전달 된다. 가사의 아버지는 "우리가 헤어져야 할 때가 왔구나. 너도 느낄 수 있지, 이제 너의 등대는 다른 곳에 있어. 딸아 나는 네가 고통 없는 사랑을 하기 바라. 너의 손을 꼭 잡아주는 다른 손과 언제나 희망을 잃지마, 꿈은 너와 함께 할거야. 언제나 너의 사랑을 위해 행운을 빌게."라고 딸을 보며 이야기 한다. 노래를 들을 때마다 결혼식 날 딸을 보내야 하는 아버지의 섭섭한 마음이 느껴져 자꾸만 눈물이 난다. 맥주를 부르는 신나는 슐라거도 있지만 이렇듯 감성 깊은 슐라거도 있어 오랫동안 독일인의 국민 음악으로 사랑 받을 수 있나 보다.

독일에서 가장 큰 맥주 축제 '옥토버페스트'와
우리가 잘 모르는 9가지 사실

독일에서 가장 유명한 축제는 누가 뭐래도 옥토버페스트다. 어느덧
185회를 맞이했다(2018년 기준). 뮌헨에 살았다는 이야기를 하면 가장 먼저 받
는 질문은 항상 '옥토버페스트 가보셨어요?'인 것이 당연했다. 옥토버페스
트가 열리는 9월이면 이미 몇 주전부터 뮌헨의 숙소는 모두 예약이 완료
될 정도로 인기가 좋다. 맥주 축제에 입고 가는 바이에른 전통 의상 딘들과
레더호젠(가죽바지)은 그리 싼 가격이 아님에도 불티나게 팔린다. 사실 비슷
한 기간에 같은 이름으로 다른 도시에서도 맥주 축제가 열리는데, 뮌헨 옥
토버페스트에 너무 관광객이 많이 몰리다 보니 독일인 중에는 일부러 다른

작은 도시의 맥주 축제를 방문하는 사람도 많다.

작년(2017년) 기준의 통계를 보면 약 2주간 열리는 이 맥주 축제에서 소비되는 맥주량이 7천 5백만 리터, 총 방문객이 6천 2백만 명 이란다. 방문객들이 훔치려다 회수당한 맥주 머그잔이 무려 12만개다. 1,300개의 여권이 분실되었고 잃어버린 휴대폰 520개가 물품 보관소에 들어왔으며 심지어 잃어버린 가죽 바지도 몇 벌이나 되었단다. 황소 127마리와 어린 소 57마리, 약 백만이 넘는 닭이 옥토버페스트의 음식물로 희생되었다.

처음 옥토버페스트를 방문했던 2014년, 축제 공간에 입장하는 순간 왠지 '찰리와 초콜릿 공장(Charlie and the Chocolate Factory, 2005)' 같이 완전 다른 공간에 온 것 같은 느낌을 받았다. 늘 깨끗하고 잘 정돈되어 있는 뮌헨, 언제나 멀끔하게 차려 입고 꼿꼿한 자세로 돌아다니는 독일인들만 보다가 도시 한가운데에 있는 엄청난 공간에 자리한 축제 현장에 정신줄 놓고 놀고 있는 사람들을 보게되니 든 생각이었다. '그래, 1년에 한 번쯤은 오늘이 마지막인 것처럼 술에 진탕 취해 소리도 지르고 춤도 취야 남은 기간을 잘 견딜 수 있겠지' 하는 마음도 들었다. 축제를 너무 좋아해 1년 휴가 중 며칠은 꼭 축제 기간에 쓰는 회사 직원도 있었고 종종 회사에서는 직원들을 위해 유명 맥주 텐트의 테이블을 빌려 회식을 시켜주기도 했다. 텐트의 테이블을 예약하는 것은 돈은 둘째치고 아는 사람이 없으면 애초에 불가능할 정도로 어려운 일이라 회사에서 옥토버페스트를 데려간다고 하는 것은 독일 직장인들에게 꽤나 자랑스런 복지다. 이토록 유명한 축제라 웬만한 정보는 인터넷에 다 있지만, 그중 우리가 잘 모르는 몇 가지 이야기를 공유해보고자 한다.

오후 12시부터 취해 널브러져 있는 민폐 취객 오전 10시 맥주 텐트가 열리자마자 사람들이 쏟아진다. 유명한 맥주 텐트의 경우 테이블을 잡는 것이 워낙 어렵다 보니 텐트가 열리기도 전에 미리 줄을 서 있는 방문객도 아주 많다. 그냥 줄을 서 있을 리 없다. 줄 서는 순간부터 음주는 시작된다. 게다가 처음 맥주 통을 열고 따르는 술은 이후 맥주보다 도수가 약간 높아 일부러 센 맥주를 마시기 위해 일찍 오는 사람도 많다. 뮌헨의 대표 아침식사 메뉴인 바이스부어스트(Weißwurst 삶은 흰색 소시지)와 첫 맥주를 즐기는 것도 흔한 계획이다. 이러니 한두 시간만 지나면 여기저기 취객이 좀비처럼 증식한다. 이 취객의 수준은 가히 토요일 새벽 홍대에 있는 만취 젊은이들을 훌쩍 뛰어 넘는다. 거리에 쓰러져 본인 바지에 소변을 보는 사람, 의자 위에 올라가 춤을 추다 헛발질을 하는 바람에 도미노처럼 바닥으로 고꾸라지는 사람들, 여기저기 바닥에 앉아 울고 있는 여자들과 술 취해 서로 으르렁 거리며 싸우는 남자는 애교에 불과하다. 본인의 주량을 과대평가하여 1리터짜리 마스 몇 잔을 폭풍처럼 들이킨 후 기절해 구급차에 끌려 가는 사람도 여럿이다. 시간이 조금만 더 지나면 잔디밭이나 텐트 뒤, 본인들은 술에 취해 잘 숨겨진 공간이라 생각하지만 사실은 누구나 볼 수 있는 그곳에서 19금 액

션을 즐기는 사람도 발견할 수 있다. 물론 남남커플도 볼 수 있다. 그러니 인터넷에서 보는 예쁘고 즐거운 축제 사진을 보고 방문하는 보수적인 사람이라면, 실제 벌어지는 행태에 적잖이 놀랄 수 있다. 다행인 것은 안전을 언제나 가장 우선으로 두는 독일이라 축제 곳곳에 경찰과 구급 대원들이 항시 대기 중이다.

독일에도 존재하는 축제 가격 덤터기 평소에 5천원 하던 커피가 크리스마스 시즌에 만 원으로 껑충 뛰어버리는 우리나라와 마찬가지로 옥토버페스트에서 판매하는 음료와 음식은 모두 시중가보다 비싸다. 독일에서 아주 흔히 볼 수 있는 캐러멜 입힌 견과류는 한 주먹거리밖에 안 되는 200g에 평소 두 배 가격인 8유로로 올라간다. 초콜릿을 입힌 과일 꼬치와 피자 한 조각도 6유로가 넘는다. 텐트 내 맥주는 해당 양조장에서 운영하는 비어 가든이나 식당의 맥주보다 기본 2유로 이상 비싸다. 식료품 가격이 몇 년째 오르지 않기로 유명한 독일이지만, 축제의 맥주 가격은 매년 조금씩 올라서 2017년에는 처음으로 한 잔당 10유로를 넘기는 경이로운 기록을 세웠다. 축제에서 하루 놀다 보면 10만 원 쓰는 것은 일도 아니다. 호주에서

온 친구 한 명이 옥토버페스트를 즐기기 위해 3박 4일 뮌헨으로 여행을 왔다. 하루에 100유로를 쓸 요량으로 미리 400유로를 뽑아 왔는데, 첫 날 그돈을 모두 써버렸다. 물론 자신도 그 돈이 도대체 어떻게 다 사라진 것인지 모르겠단다. 독일에서는 대개 5~10%정도 팁을 준다. 맥주 한 잔과 브레첼을 사면 어느덧 16유로, 팁까지 포함하여 18유로 정도 주는 것이 적당하다. 문제는 우리에게 그런 잔돈이 없다는 것. 20유로를 주면 너무 바쁜 나머지 혹은 의도적인 팁으로 여겨 잔돈을 주지 않는 웨이트리스가 있다. 술이 거하게 취하면 본인도 계산이 잘 안되어 그냥 아무렇게나 돈을 주고 잔돈을 가지라고 하는 사람도 흔하다. 잔돈을 재깍재깍 안 줘도 따질 시간도 여유도 없으니 주머니가 가벼운 사람이라면 미리 잔돈을 많이 준비해 가기를 추천한다.

옥토버페스트에서는 '뮌헨산' 맥주만 판매 된다 독일에서 가장 큰 맥주 페스티벌이지만 모든 독일산 맥주가 아니라, 뮌헨 맥주만 판매된다. 뮌헨에서 'Big Six'라 불리는 크고 유명한 양조장이 여섯 곳이 있다. 가장 오래되고 유명한 아우구스티너(Augustiner), 규모는 여섯 개 중 제일 작지만 뮌헨 시내 중심가에 비어가든이 있어 유명한 호프브로이(Hofbräu), 가장 최근에 설립되어 독특한 맛으로 인기가 많은 파울라너(Paulaner), 학커-프쇼르(Hacker Pschorr), 사자 모양 로고로 잘 알려진 뢰벤브로이(Löwenbräu), 뮌헨에서 가장 큰 양조장인 슈파텐(Spaten)이다. 각 맥주 양조장 특성에 맞게 맥주 텐트의 분위기와 디자인, 연령층도 다르니 그 차이를 살펴보는 것도 축제의 묘미다.

독일인들이 경고한다, '이탈리안 위켄드는 피하라'고 바이에른 주 사람들이라면 대부분 알고 있는 '이탈리아 위켄드'는 대개 옥토버페스트가 열리는 기간의 두 번째 주말이다. 이탈리아 사람들이 단체로 관광을 와 텐트장을 꽉 채워 생긴 말인데 왜 항상 둘째 주 주말인지는 확실하지 않다. 독일인들의 편견인지는 확실치 않으나, 이 주말은 만취객과 사고가 많기로 유명하여 대부분 독일인들은 이 날을 피한다. '난 이탈리아 사람 너무 좋아!' 하는 여자도, 술 취한 이탈리아 남자의 적극적이다 못해 공격적인 대시를 거절하느라 지칠 수도 있다는 것만 기억하자.

옥토버페스트 웨이터가 2주 동안 번 돈으로 세계여행도 가능하다 옥토버페스트의 상징 중 하나는 바로 가슴골이 훤히 보이는 전통 의상 딘들을 입고 1리터짜리 맥주잔 6~8개를 양손에 쥔 채 바삐 걸어 다니는 서빙 직원들이다. 맥주 한 잔씩만 들어도 워낙 머그잔의 무게가 무거워 손목이 뻐근한데, 심지어 여러 잔을 들고 오전 10시부터 밤 10시까지 12시간을 꼬박 복잡한 텐트를 걸어 다니면서도 미소로 응답하는 직원들을 보면 '역시 내 몸은 저질 체력이었어…' 하는 자조적인 마음이 들기도 한다. 체력적으로 엄청나게 힘든 직업이지만 이때 일을 하기 위해 달려드는 사람이 워낙 많아, 이 일자리를 차지하는 것도 하늘의 별 따기다. 물론 그 이유는 단기간에 돈을 많이 벌 수 있기 때문이다. 파울라너처럼 유명한 텐트에서 일하는 유능한 웨이터는 2만 유로를 번다고 할 정도다. 옥토버페스트에서 일하는 직원의 급여는 고정이 아니라 인센티브제로 운영되는데, 해당 서빙 직원이 담당하는 텐트 구역에서 주문 받는 맥주 한 잔 가격의 9~10%를 받는 조건이다. 보통 한 명의 직원이 네 개의 긴 테이블을 담당하는데, 맡은 테이블에 앉은 손님으로부터 주문을 받으면 바에서 판매가의 90%를 주고 맥주를 산 뒤, 그 맥주를 손님에게 재판매하는 방식으로 운영된다. 더불어 손님들에게 받는 팁은 온전히 그녀들의 것이 된다. 수입이 자신의 역량에 달려있으니 더 분주히, 더 친절하게 서비스를 제공할 수 밖에 없다. 술 취한 남자 관광객이 가장 팁을 많이 주고, 어린 여자 관광객들이 가장 팁을 짜게 주기로 유명해서인지 직원들이 가장 좋아하는 방문객은 호주나 미국에서 온 남자 그룹이라는 소문도 있다.

운이 좋다면, 축제 기간 중 유명한 배우를 만날 수 있다 종종 축제장을 거닐다 보면 맥주는 마시지 않고 목이 빠져라 특정 텐트 앞에 모여 있는 사람들을 볼 수 있다. 이들은 유명인을 만나기 위해 온 팬들이다. 베컴 부부, 사무엘 잭슨, 브리트니 스피어스 같이 매년 다양한 셀럽들이 축제를 방문한다. 특히 '캐퍼(Käfer)'라 불리는 텐트는 VIP와 스타들을 위한 공간으로 유명하여 그 앞에는 항상 몇몇의 카메라맨들이 어슬렁거리고 있다. 유명한 만큼 캐퍼 안에 입장하는 것은 물론 불가능에 가깝다고 보면 된다. 사무엘 잭슨에게 초대를 받는 편이 오히려 쉽겠다.

게이의 날이 있다 일반적으로 축제 시작 후 첫 번째 일요일이 바로 게이들의 옥토버페스트 날이다. 공식적인 명칭은 '로사 비즌(Rosa Wiesn)'이라고 한다. 세계 각국에서 오는 게이들이 초청받는 한 텐트에서 일요일 오전부터

다같이 축제를 즐긴다. 드레스 코드는 매년 바뀌지만 이름처럼 기본적으로는 핑크색 셔츠와 레더호젠(Lederhosen, 가죽바지)을 입는다. 물론 배타적인 파티이므로 예약 후 초대를 받아야 참여할 수 있다. 웃통을 벗지 않는 등 다른 사람들을 위한 몇 가지 규칙도 있으니 궁금한 사람은 공식 웹사이트를 확인하면 좋겠다. (http://www.rosawiesn.de)

화장실은 미리미리 가자 허허벌판에 어떻게 이런 수세식 화장실을 많이, 잘 만들어 놓았을까 신기하기도 하지만 그마저도 매년 늘어나는 관광객에 비하면 턱없이 부족하게 느껴진다. 평일에는 운이 좋으면 5분 만에도 화장실 이용이 가능하지만, 주말이라면 아주 미미한 신호가 왔을 때 곧바로 화장실에 가야 한다. 참을 수 없을 때 화장실에 간다면, 그 앞에 줄 서 있는 수십 명의 대기자를 보고 울고 싶어질 지 모른다. 독일인들은 '소변이 마렵기 1시간 전에 미리 가라!'고 말하지만 대체 누가 그런걸 예측한단 말인가!

옥토버페스트 텐트 내에서는 금연 바이에른 주는 본래 흡연에 대한 규제가 가장 보수적이기로 유명하다. 따라서 옥토버페스트 맥주 텐트도 예외 없이 2010년부터 금연 구역으로 지정되었다. 흡연자 수가 많은 한국 관광객에게는 조금 불편할 수 있겠다. 맥주 텐트는 재량에 따라 테라스나 텐트장 내 한구석에 흡연 공간을 마련할 수 있는데 간이 흡연 공간 내에는 테이블이나 의자 설치, 음식물과 술 반입 역시 금지되어 있어 불편하기는 마찬가지다. 물론, 텐트 밖 축제장에서의 흡연은 허용된다. 텐트장 내 좌석을 포기할 각오가 되어 있다면 말이다.

독일의
또 하나의 자부심

슈납스(Schnaps)

한국인에게 소주가 있다면, 독일인에겐 슈납스라 불리는 증류주가 있다. 독일에서 회사원으로 생활한 지 얼마 지나지 않아 한 거래처로부터 식사 초대를 받은 날이었다. 맥주로 시작하여 저녁과 후식을 먹고 입가심으로 에스프레소를 마신 뒤 배가 너무 불러 숨을 헉헉대는 중이었다. 그런 내 모습을 본 거래처 파트너는 "소화가 잘 안 되는구나! 이럴 때 마시는 전통 술이 있지. 기다려봐!" 하더니 길고 날씬한 잔에 나오는 높은 도수의 술을 한 잔 주문해 주었다. 오스트리아, 스위스 등 주로 독일권 나라의 사람들이 음식을 다 먹은 뒤 소화를 위해 마시는 것이라는 설명도 함께 덧붙여주었다. 의학적인 설명에 따르면 높은 도수의 술이 장기 운동을 더 활발히 자극해 위에서 더 많은 미즙이 생성되고, 그 미즙이 장으로 흘러 소화를 돕는다고 하니 다행이 이 술의 효과는 완전 거짓말은 아닌가 보다. 다만 이런 반응은 즉각적인 게 아니라서 슈납스를 마신 뒤 곧바로 소화가 잘되는 것 같은 느낌을 받는다면 그건 그야말로 오래도록 내려온 이야기에 현혹된 우리 마음이 만들어 낸 착각일 것이다. 체한 것 같을 때 독일 전통을 믿는답시고 슈납스를 벌컥벌컥 마시는 순진함은 보이지 말자.

　　슈납스 종류는 크게 배, 사과, 체리 같은 과일로 만든 옵스틀러(Obstler, 과일주), 허브로 만든 크로이터리코어(Kräuterlikör, 허브주)가 대표적이다. 보통 식당에서 슈납스를 달라고 주문하면 옵스틀러를 주거나, 어떤 종류의 슈납스를 원하는지 물어본다. 처음 내가 마신 슈납스는 남부 지역에서 가장 흔하게 볼 수 있는 배로 만든 옵스틀러였다. 그 슈납스를 마셨을 때의 기분을 한 마디로 말하자면 '온몸이 강한 술맛에 쪼그라드는 느낌'이었다. 소주처럼 뒷맛이 빠르게 없어지는 것이 아니라, 그 뒷맛이 참 오래도록 입안에 머물러, 마시는 사람으로 하여금 이 술이 어떤 재료로 어떻게 만들어진 것인지 생각하고 음미할 수 있도록 만든 것 같았다. 특히 슈납스는 대개 실온에 보관하여 미지근한 상태의 술로 마시는데 그래서인지 고유의 술맛이 금세 입안에 퍼진다. 시원하고 상큼하게 마시는 우리 매실주를 독일인에게 소개하면 어땠을까 하는 아쉬움과 궁금함이 남는다. 매실이야말로 소화에는 으뜸인데!

멕시카너 (Mexikaner)

멕시카너는 내가 마셨던 슈납스 중 가장 충격적인 맛이었다. 어찌 됐든 술맛이 나겠거니 하는 마음으로 들이킨 그 한 잔의 샷에는 상상도 못한 타바스코 향이 깊게 배어 있었다. 토마토와 칠리를 으깨어 브랜디와 섞어 끓여낸 것 같이 걸쭉한 알코올 수프의 맛이랄까. 한 모금을 어렵사리 삼키고 나서야 왜 이름이 멕시카너인지 이해가 되었다. 어떤 친구는 멕시카너를 이

맥시카너 슈납스

킬러피취 슈납스

렇게 묘사했다. "먹다 남은 인스턴트 스파게티가 그릇에 딱딱하게 굳어 있는데, 그걸 알코올을 묻혀 닦아낸 맛"이라고 말이다. 이런 묘한 맛을 가진 멕시카너의 역사는 32년으로 다른 슈납스에 비하면 아주 짧은, 트렌디한 술이다. 그 원조는 함부르크인데, 바에서 잔당 99센트에 팔리며 함부르크 번화가인 세인트 폴 거리를 토마토 향으로 가득 채웠다는 과장된 이야기도 들린다. 지금은 독일 전역의 바에서 찾아볼 수 있다. 단것보다 매콤한 것을 좋아하는 사람이라면 도전해볼 만한 가치가 있다.

킬러피취(Killepitsch)

독일에 있는 슈퍼를 가면 계산대 종업원 바로 옆으로 담배를 뽑는 기계와 200ml짜리 작은 술들이 진열되어 있다. 한 번에 딱 마실 수 있는 샷 용량으로 클럽에 가기 전 젊은이들이 얼른 사서 홀짝 마시는 술이다. 큰 병 하나를 사지 않아도 밤 나들이 할 준비를 완료할 수 있으니 인기가 좋다. 이 중에서 어딜 가든 자주 볼 수 있는 술에는 킬러피취(Killepitsch)라는 뒤셀도르프에서 온 슈납스가 있다. 이 킬러피취는 2차 세계 대전 이후에 만들어졌는데 이름은 전쟁 중에 지어졌다고 한다. 폭탄이 하늘 여기저기서 떨어질 때, 바 주인장이 '우리가 여기서 죽지 않고(killed) 살아남는다면, 그걸 기념하기 위한 술(pitch)을 만들어 팔거야'라고 한데서 유래했단다. 이 술이 처음 팔린 곳은 뒤셀도르프 알트슈타트(Altstadt, 구시가지) 중심에 있는 'Et. Kabüffke'이다. 지금도 뒤셀도르프 지역 주민 외에 많은 관광객들이 찾는 작은 펍으로 원조 그대로의 샷을 맛볼 수 있어 한 번 들러보는 것도 의미가 있을 것 같다.

클럽에서 그렇게 마셔대던 예거가
독일 술이었다니

처음 예거마이스터(Jägermeister)를 접한 것은, 내 또래의 젊은이들이 그렇듯 클럽이었다. 예거는 2000년 초반부터 파티 술로 세계 곳곳에서 인기를 끌었고, 우리나라도 예외는 아니었다. 특히 예거마이스터라는 술과 에너지 음료를 합쳐 만든 예거밤이라는 혼합주의 돌풍은 엄청났다. 이전에 한번도 들어보지 못한 이 달콤 쌉싸름한 외국 술이 어떻게 우리나라까지 이렇게 온 건지는 몰랐지만, 샷 몇 잔이면 쏟아지는 잠도 물리치고 심지어 술에 빨리 취할 수도 있다는 기쁨에 '이런 술을 만들어 주셔서 감사합니다'라는 생각으로 참 많이도 마셨더랬다. 오늘날까지 예거마이스터는 단연 전세계에서 가장 많이 팔리는 허브주다.

독일에 온 뒤 처음으로 예거마이스터가 독일 술이라는 것을 알고 적잖이 놀랐다. 예거마이스터를 마시는 독일인을 한국이나 미국처럼 흔하게 볼 수 있지도 않았고, "예거마이스터를 좋아하세요?"라고 물으면 좋아한다고 대답하는 독일인도 참으로 만나기 어려웠기 때문이었다. 오히려 "그런 걸 도대체 왜 마셔?"라고 반문하는 사람이 더 많았다. 실제로 예거마이스터의 총 판매 중 고작 20%만이 독일 내에서 팔린다고 하니 이렇게 세계적 인기를 끄는 술 치고는 자국민의 지지를 받지 못한다는 게 신기하기도 했다. 빠르게 센 술을 마셔 취하는 것보다 오랜 시간 많은 양의 맥주를 마시며 파티를 즐기는 독일인의 문화와 예거마이스터 사이에 그동안 굳이 알려고 하지 않았던 비하인드 스토리가 있는 것이 분명했다.

예거마이스터 공장은 독일 북부의 작은 마을, 볼펜뷔텔(Wolfenbüttel)이라는 곳에 있다. 이 지역은 과거 농업과 채광 산업 의존도가 높은 곳이었는데, 채광석을 식히는 용도로 식초가 많이 사용되었다고 한다. 빌헬름 마스트라는 사람이 바로 이 수요에 부응하여 1878년 식초 공장을 설립한 것이

예거마이스터 회사 역사의 시작이었다. 빌헬름은 와인에도 관심이 많아, 살아 생전 와인 생산에 대한 연구도 많이 했다고 한다. 그러나 직접 생산은 해보지 못하고 지병으로 사망했다. 이후 그의 아들인 쿠르스 마스트가 이 사업을 물려 받았다. 쿠르트는 서서히 저가는 채광 산업을 보며, 식초 사업은 접고 대신 아버지의 영향을 받아 와인 생산을 목표로 오랜 연구를 했고, 그 연구 끝에 허브주를 생산하기에 이르렀다. 1934년 출시된 이 허브주가 바로 '예거마이스터'다. 그 때 개발된 레시피를 오늘날까지 단 한번도 바꾸지 않고 고수하고 있으며 여전히 다섯 손가락 안에 꼽히는 사람만이 레시피 배합을 알고 있다고 한다.

예거마이스터를 샷으로 마셔 본 사람이면 이 찐득거리는 한약재 같은 술이 도대체 어떻게 20대, 30대의 파티용 술이 되었는지 궁금할 것이다. 이 비하인드 스토리에는 독일인들이 가장 언급하기 싫어하는 나치의 역사도 담겨 있다. 사실 예거마이스터의 초기 타겟층은 젊은 파티광들이 아니었다. 예거마이스터라는 이름이 증명하듯 처음 공략한 고객은 사냥꾼이었다. 예거마이스터가 출시되던 시절 볼펜뷔텔에는 나치의 높은 권력층이 사냥을 위해 즐겨 찾던 언덕이 있었다. 그중, 헤어만 괴링이 특히 사냥을 좋아했는데 나치가 권력을 잡은 1933년 내무부 장관으로 임명된 뒤 각 지역의 뛰어난 사냥꾼들을 불러 호화 파티를 열었다. 영리한 쿠르트는 이런 흐름을 놓치지 않고 개발한 허브주의 이름을 사냥 전문가로 짓고, 사냥 수호신 후버투스를 연상시키는 사슴을 로고로 만들어 판매를 시작했다. 이 때문에 쿠르트는 2차 대전 후 나치를 후원했다는 비난을 받게 되었다.

전쟁 이후, 예거마이스터는 다시 고비를 맞게 됐다. 이번엔 쿠르트의 조카인 귄터 마스트가 비즈니스에 뛰어들어 획기적인 마케팅 전략을 펼침으로써 이 허브주를 다시 한 번 살려냈다. 지역에서 매우 유명한 축구 클럽을 후원하며 독일에서 처음으로 스포츠 마케팅의 영역을 구축한 것이었다. 이는 대중에게 예거마이스터를 알린 효과적인 전략이었다. 그러나 이때까지만 해도 여전히 예거마이스터는 중년 이상의 남성 고객이 찾는 술이었다. 젊은층은 여전히 예거마이스터를 외면했다.

이를 젊은 사람들의 파티 술로 만든 것은 다름아닌 미국의 명망 높은 무역가, 프랑크라는 사람이다. 뉴욕 맨하튼에서 나이든 독일인들이 이 녹색 병의 술을 마시는 것을 보고 어떤 잠재력을 본 건지 1974년 처음 예거마이스터를 수입하여 뉴욕과 뉴올리언스에 있는 바에서 팔기 시작했고 그것이 이국적이고 새로운 문화를 찾던 뉴요커들의 눈과 입을 사로 잡았다. 보드카나 위스키에서 보지 못한 짙고 희한한 색의 술, 녹색의 네모난 병, 그리고 뿔 사이의 십자가를 빛내고 있는 사슴의 모습까지 모든 것이 신기했던 모양인지 술 안에 엘크(Elk, 큰 사슴) 피가 들어간다는 등의 소문까지 퍼지며 대학생들 사이에 더욱 인기 있는 '새로운' 술이 되었다. 그리고 레드불이라는 에너지 음료가 나온 1997년 이후, 언제 어떻게 발명된 건지는 정확히 알 수 없지만 누군가 이 레드불과 예거마이스터를 섞어 마시기 시작했다. 이것이 캘리포니아를 기점으로 미국 전체에 퍼져 다른 나라까지 입소문을 타게 된 것이 예거밤의 탄생 스토리이다. 회사의 마케팅 전략과 전혀 관계 없이, 생각지도 못한 미국에서 일어난 작은 움직임이 오늘날까지 회사를 성장시킨 비결이 되었다니 그저 신기할 따름이다.

우리도 와인
잘 만든다고

독일인과 프랑스인이 함께 식사를 하면 빠지지 않는 대화 주제가 바로 와인이다. 독일에 오래 산 프랑스 친구는 어떤 음식을 먹든 맥주와 함께 먹는 독일인들을 보고 이래서 독일인들은 미식가가 될 수 없다고 소소한 핀잔을 주기도 했다. 그렇지만 독일인들은, 물론 프랑스 사람들만큼은 아니지만 와인을 굉장히 즐겨 마신다. 독일이 세계에서 8번째로 큰 와인 생산 국가임에도 불구하고 주위에 프랑스, 이태리, 스페인 등 와인으로 유명한 나라가 워낙 많다 보니 그저 맥주 왕국으로만 불리는 게 안타까울 정도다. 독일 슈퍼에 가면 한 병에 2유로 정도의 아주 저렴한 와인부터 고급 와인까지 가격부터 종류까지 다양한데, 심지어 알디(Aldi)에서 판매하는 3유로짜리 리즐링도 정말 맛있다. 싸구려 포도 주스 맛 같은 우리나라의 모 브랜드의 와인과는 차원이 다르다.

독일 와인의 자부심은 누가 뭐래도 화이트와인이다. 독일에서 생산되는 와인의 65%가 화이트와인인데, 그 이유는 남유럽 국가보다 일조량이 적고 온도가 낮은 기후 때문이다. 독일의 와이너리는 서쪽과 남쪽에 강을 따라 주로 몰려 있다. 대표적인 13곳의 와이너리는 라인 강, 모젤 강, 넥카 강, 마인 강 주변인 남부와 서남부 지역에 몰려 있다. 특히 라인 강을 따라 위치한 비즈바덴, 뤼데스하임, 코블렌츠와 같은 지역은 세계문화유산으로 등록된 수많은 유적지와 포도밭이 아름답게 섞여 있어 관광지로 사랑 받고 있다. 케이블카를 타고 발밑에 펼쳐지는 계단식 포도밭의 풍경을 만끽하다, 멈춰선 곳에서 중세 시대의 요새를 방문하고 저녁에는 강을 바라보는 레스토랑에서 화이트와인을 마시는 것이야말로 이 지역을 즐길 수 있는 최고의 방법이다.

물론 레드와인도 꿋꿋이 생산되고 있다. 그러나 독일의 레드와인하면 독일인들조차도 고개를 젓는다. 싸구려 내 입맛에는 독일의 레드 와인도 그저 맛있기만 한데 화이트와인에 비해 경쟁력이 너무 떨어진다고 생각해서인지, 종종 유머 소재로 사용된다. 함께 일하던 프랑스 동료가 10년을 살던 독일을 떠나 다시 프랑스로 돌아가기로 마음을 먹고 직장을 그만두던 날, 독일 동료들은 농담 반 진담 반의 작별 선물로 독일의 레드와인을 선물했다. 카드에는 이렇게 쓰여 있었다. '독일이 그리워질 때마다 이 레드와인을 한 잔씩 마셔봐. 그러면 네가 프랑스에 있는 게 얼마나 다행인지 다시금 깨닫게 될테니!'

라고. 흥미롭게도 독일에서 화이트와인이 보다 많이 생산된 이유는 중세에 와인 생산을 관리하던 수도사들의 결정 때문이라고 한다. 에버바흐에 있던 수도사들이 오래 지켜본 결과, 라인가우 지역에서 생산되는 적포도로 만든 레드와인이 프랑스의 짙고 풍미 깊은 레드와인을 따라갈 수 없다고 판단한 것이었다. 결과적으로 자신들의 관할 지역에서 포도를 재배하는 소작인에게 적포도를 줄이고 백포도 생산을 늘리라고 명령했고 이것이 천천히, 다른 지역까지 영향을 미친 것이라는 설이다.

화이트와인 강국, 리즐링

독일 화이트와인 중 가장 유명한 것은 리즐링이다. 독일에서 생산되는 화이트와인의 반 이상을 차지하고 또한 세계적으로도 우수한 품질을 인정받는다. 이 리즐링에도 "아 역시 독일인이야!"라고 손뼉을 치게 되는 사실이 있다. 맥주순수령처럼 리즐링에 들어가는 포도도 엄격히 제한한다는 점이다. 독일에서 생산되는 리즐링 와인은 리즐링 포도로만 만든 와인이어야 한다. 다른 포도를 섞어서는 안 된다. 미국에서 생산되는 리즐링 와인의 경우 리즐링 포도가 25%만 들어가도 리즐링이라는 이름을 달고 나올 수 있는 것과는 매우 대조적이다. 이는 품질과 신뢰를 매우 중요시 생각하는 독일인의 문화가 그대로 반영되어 있다. 다른 나라에서 수입된 리즐링이 독일 라인가우나 모젤에서 생산된 리즐링보다 훨씬 달게 느껴지는 것도 이 이유 때문일지도 모르겠다. 한국인 중에 이전에는 리즐링을 종종 단맛 때문에 디저트 와인으로 여기거나 별로 좋아하지 않았다가, 독일 리즐링을 마시고는 높은 산도와 강한 과일향, 무엇보다 드라이한 맛에 이제야 제대로 된 리즐링을 마셨다며 좋아하는 사람도 있다. 그러니 독일에서는 와인이든 맥주든 언제나 100% 순수한 재료로 만들어졌다는 것을 의심할 필요 없이 만끽하면 된다.

수많은 백포도 중, 왜 리즐링이 가장 많이 생산되는 포도가 되었을까? 역사적으로 리즐링 붐이 일어나게 된 계기가 몇 가지 있었다. 1716년 풀다의 대수도원에서 라인가우 요하네스베르그에 있는 작은 수도원을 산 뒤 주변에 완전 방치되어 있던 포도 농장을 완전히 재건했다. 당시 이미 뤼데스하임, 에버바흐 등지에서 리즐링 포도 재배가 성공적으로 잘 되고 있었기 때문에 그 지역에서 구매한 포도를 농장에 심었다. 이것이 포도 재배의 기준이 되어 곧, 주변 지역에도 리즐링을 심으라고 공포했다. 1787년에는 트리어의 선제후인 클레멘스 벤제스라우스가 경쟁력이 없는 다른 종류 포도를 모두 리즐링으로 바꾸라고 지시했다. 덕분에 모젤 강 주변과 라인 강 주변이 독일에서 리즐링 와인을 가장 많이 생산하는 포도 농장 지역이 된 것이다.

4~9월에 독일을 방문하는 사람이라면 리즐링으로 유명한 라인가우(Rheingau)지역에 방문해 일일 투어를 해보길 추천한다.

프랑크푸르트에서 30분이면 닿는 뤼데스하임(Rüdesheim)은 특히 아기자기한 마을 길이 마치 동화책에 나오는 한 장면같이 예뻐서 외국 관광객에게 인기가 많다. 드로젤가세(Drosselgasse)라 불리는 이 거리에는 작은 규모의 귀여운 와인 바와 식당이 줄지어 손님을 반긴다. 대부분 오래전부터 이 마을을 지키는 곳이라 어딜 들어가도 실패할 확률이 적다. 미로 같은 좁은 거리의 마을을 실컷 구경하다 발밑에 펼쳐지는 포도 농장의 풍경을 만끽할 수 있도록 케이블카를 타도 좋고, 드넓은 포도 농장을 지그재그로 걸어 올라가 꼭대기에 있는 거대한 니더발드 기념 동상을 뒤로하고 라인 강 바람을 만끽하는 것도 좋다. 아주 작은 마을이지만 8월에 와인 페스티벌이 열리면 마을 전체가 온통 축제장이 된다. 북적거리는 것을 싫어하지 않는다면 그해 생산된 신선한 와인을 다양하게 마실 수 있는 최고의 기회인 만큼 방문해 보는 걸 추천한다. 코블렌츠, 본까지 이어지는 라인 강의 길을 따라 자전거 여행을 하는 독일인도 많다. 몇 시간씩 자전거를 타고 도착한 다음, 마을에서 또 그 마을 와이너리에서 생산된 리즐링을 마셔보고 비교해 보는 재미도 우리나라에서는 절대 해 볼 수 없는 특별한 경험이다.

청량함이 가득한
압펠바인(Apfelwein)

2013년 9월, 프랑크푸르트 근교에 사는 친구를 방문했을 때였다. 친구가 집에서 30분 정도 걸어가면 막 만든 그해 첫 압펠바인(Apfelwein, 사과와인)을 살 수 있는 곳이 있다며 같이 가자고 했다. 영국에서 잠깐 지내던 때 즐겨 마셨던 사이더(Cider, 사과주)와 비슷한 술인가 보다 짐작만 하고 가벼운 마음으로 길을 따라나섰다. 9월이지만 아직 여름철 더위가 도로 전체에 가라

앉아 있어 고작 30분을 걷고는 땀을 뻘뻘 흘렸다. 그곳에 도착해 압펠바인을 주문하니 어려서 약수터에 들고 가던 커다랗고 네모난 플라스틱 물통에 한가득 담아 주셨다. 색깔만 보면 사이더와는 다르게 뿌옇고 탁한 것이 모래와 흙을 마구 섞어 흔들어 놓은 계곡물 같았다. 아주머니는 우리에게 아직 완전히 숙성되지 않았으니, 집에서 며칠 더 숙성을 시켜 마시라고 당부하셨다.

그런 아주머니의 친절한 당부에도 불구하고, 땀을 흘리며 걷다 지쳐버린 우리는 서로를 보며 "우리 이거 한 모금만 마실까? 너무 목말라."라고 말하며 한마음 한뜻이 되었다. 살짝 뚜껑을 열어 3리터짜리 통을 번쩍 세워 들고 그채로 숙성도 되지 않은 사과 와인을 사과 주스인 양 갈증이 가실 때까지 한참을 마셨다. 시큼텁텁한 것이 조금 맛이 간 사과 주스 같았다. 그리곤 5분을 더 걸어가다가 멈춰버렸다. 더 이상 걸을 수 없을 정도로 완전히 취해버렸기 때문이다. 정신은 멀쩡한데 온몸이 취한 것 같은 기분, 몸과 마음이 분리되는 것 같았다. 숙성되지 않은 첫 압펠바인에 들어 있는 5%의 알코올의 위대함을 그때 느꼈다.

독일 압펠바인은 헤센이 원조 격이다. 헤센 주를 지나는 라인 강 근처가 기후적으로 오래전부터 리즐링 포도가 잘 자라 이곳에 화이트와인을 생산하는 곳이 몰려 있었는데, 16세기 아주 혹독한 겨울 추위 때문에 포도 농사가 크게 망해 버렸다. 따라서 와인을 만드는 사람들이 포도 대신 와인을 만들 수 있는 대체 과일을 찾다 사과가 추위에도 잘 견딘다는 것을 알고 사과 와인을 생산하기 시작한 것이 오늘날까지 이어져 오게 되었다.

압펠바인 생산으로 유명한 곳은 헤센 중에서도 프랑크푸르트의 작센하우젠(Sachsenhausen)이라는 번화가다. 가을에 이 지역에 있는 레스토랑이나 압펠바인 와이너리를 방문하면 가장 신선한 것을 마실 수 있다. 프랑크푸르트에서 유명한 허브 소스가 곁들여진 슈니츨(Schnitzel, 튀긴 고기)의 느끼함을 이 압펠바인이 단번에 잡아 주어 더 맛있게 즐길 수 있다. 다른

압펠바인

와인과는 달리 이 압펠바인은 와인 잔에 마시지 않는다. 주전자 모양의 밤 벨(Bambel)이라는 사기로 만든 병에 담은 와인을 0.25ml짜리 유리 잔에 따라 마신다. 이 밤벨은 헤센 지역에서 매우 사랑 받는 기념품 중 하나다. 밤벨에 든 와인을 마시고 있으면 어쩐지 16세기로 돌아간 느낌마저 든다.

사이더와는 달리 본래 독일 압펠바인은 탄산이 들어가지 않는다. 이를 압펠바인 푸어(Apfelwein Pur), 즉 순수한 사과 와인이라고 부른다. 압펠바인으로 유명한 식당이나 와이너리에 가면 대개 이 푸어를 준다. 그러나 음료에서만큼은 유연성을 뽐내는 독일인인지라 이내 압펠바인에 탄산수를 1/3쯤 섞은 탄산 사과 와인도 판매하는 곳이 있다. 게다가 뒤에서 설명할 글루바인처럼 이 흰색의 사과 와인도 종종 따뜻하게 데워 마시기도 한다. 글루바인과 마찬가지로 약간의 계피와 설탕을 넣어 만든다.

온몸을 녹여주는
글루바인(Glühwein)

온몸이 배배 꼬일 정도로 지루하고 긴 독일의 겨울이지만, 이 겨울을 조금이나마 따뜻하게 버티게 해주는 것이 바로 이 글루바인(Glühwein)이다. 글루는 영어로 'glow', 즉 얼굴이 발갛게 상기되는 것을 뜻한다. 한겨울 야외에서 머그잔에 담긴 따뜻한 글루바인을 한 잔 마시면 온몸이 어느덧 후끈후끈해지고 얼굴은 빨갛게 달아올라 붙여진 이름인 것 같다. 레시피는 지역마다, 그리고 만드는 사람마다 조금씩 차이가 있지만 기본적으로는 드라이한 레드와인에 오렌지, 물, 설탕, 계피, 럼을 섞어 따뜻하게 데운다. 잔을 받아들면 은은하고 깊게 풍기는 계피 향 덕에 술이 당기지 않았던 사람도 술 욕심이 목구멍까지 차오른다.

슈퍼에 가면 큰 병에 담긴 글루바인을 쉽게 구매할 수 있어 친구들 또는 가족들과 옹기종기 모여 앉아 냄비에 살짝 데운 글루바인을 마시며 이야기를 나눈다. 약한 불에 천천히 데운 글루바인을 옆에 두고 캄캄한 거실에서 영화를 틀어 놓고 마시기도 하고 또 책을 보며, 카드 게임을 하며 와인을 즐긴다. 그냥 보고 있으면 핫초코를 마시는 것처럼 보일 정도로 모두가 편안해 보인다. 혹시나 옆에 있는 어린 아이가 '머그잔에 있는 그 맛있는 음료, 나도 마실래!'라고 떼를 쓸까봐 글루바인과 비슷한 맛이지만 알코올이 없는 포도 주스인 킨더푼쉬(Kinderpunsch)를 개발했다. 와인을 마시지 못하지만 글루바인이 어떤 맛일까 궁금한 사람은 이 킨더푼쉬를 마셔 보면 된다. 글루바인의 단맛 때문인지 아니면 그 안에 추가된 럼 때문인지, 이 와인을 먹고 취하면 다른 술과는 달리 마음속에 있는 깊은 생각을 꺼내어 나누게 된다. 누군가와 진실게임을 해야 한다면, 가장 적합한 술이 아닐까 싶다. 독일에 철학자나 위대한 작가, 예술가가 많은 이유 중 하나가 또 이 글루바인이 아닐까 맘대로 짐작도 해본다.

글루바인은 독일인이 사랑하는 크리스마스마켓의 상징이기도 하다. 크리스마스 4주 전부터 전 지역에서 열리는 야외 마켓에는 글루바인을 마시기 위해 방문하는 독일인들과 관광객들로 언제나 붐빈다. 마켓마다 글루바인 머그잔이 다양한데 어떤 것은 중세시대에 만들어진 것처럼 투박한 매력이 있는 반면, 또 어떤 것은 아기자기한 크리스마스 관련 그림을 사용해 무척 예쁘다. 그래서 와인을 다 마시고 기념으로 머그잔을 몰래 가져가버리는 사람이 많아 와인을 시킬 때 머그잔 보증금을 함께 지불해야 한다. 보증금 값이 와인 한 잔 값만큼 비싸 취해서 정신줄을 놓지 않고서야 꼭 잔을 반납하고 보증금을 되돌려 받아야 하지만 정신없이 놀다가 깜박하고 어딘가에 놓고 가는 경우가 꼭 생긴다. 이렇게 버려진 머그잔을 회수해 반납한 뒤 보증금을 채가는 보증금 좀도둑이 있어 추가 방편으로 주문한 와인 잔 개수만큼 토큰을 주어, 토큰과 머그잔을 함께 반납했을 시에만 보증금을 받을 수 있도록 했다. 정직과 신뢰를 큰 가치로 여기는 독일인이지만 역시 술 앞에선 장사 없나 보다.

탄산수와 탄산수의 친구들

처음 독일에 오는 외국인들이 슈퍼에서 당황하는 첫 번째 이유는 바로 물이다. 독일인들의 탄산수 사랑은 세계 어느 나라 사람들과 비교해도 뒤지지 않는다. 탄산수에 그리 익숙하지 않은 외국인의 경우 벌컥벌컥 들이켰다가 강한 탄산과 특이한 물맛에 도대체 독일 물맛은 왜 이러냐고 불평하기 일쑤다. 특히 탄산이 빠져버린 탄산수의 맛이란, 김빠진 콜라보다 더 비호감이다. 종종 물병에 'Classic', 'Mittel' 같은 문구가 쓰여 있는 걸 볼 수 있다. 다른 독일어는 잘 몰라도 클래식이라고 쓰여 있는 이놈은 영어 의미를 유추하면 왠지 기본 물 또는 평범한 물을 의미하는 것 같아 집어 들기 쉬운데, 사실 독일에서 물에 써있는 클래식은 가장 강한 탄산수를 의미한다. 탄산 없는 물은 집에 있는 수돗물로 충분하기 때문에 슈퍼에는 탄산수가 더 많이 진열되어 있다. 독일 가정에서는 흔히 탄산수를 만드는 기계를 볼 수 있다. 군이 가게에서 탄산수를 사지 않아도 수돗물을 받아 기계에 끼워 넣으면 언제든 톡 쏘는 물을 마실 수 있는데다 물값도 아낄 수 있어 인기가 좋다.

독일인들의 탄산수 사랑은 독일 음료에서도 볼 수 있다. 식당이나 슈퍼, 바에서 음료를 보면 숄레(Schorle)라고 써있는 것이 있다. 이는 본 음료에 탄산수를 섞은 것을 의미한다. 사과 주스에 탄산수를 섞으면 압펠숄레(Apfelschorle), 와인에 탄산수를 섞으면 바인숄레(Weinschorle)가 된다. 대개 물과 음료를 1:1 비율로 섞지만 음료나 섞는 비율에 따라 아주 다양한 숄레 브랜드가 있다. 물론 직접 섞어 만들어 먹는 것도 흔하다. 독일 친구들과 펍에 가면 종종 술을 잘 마시지 못하는 여자 친구들이 "화이트와인 한 잔이랑 탄산수 한 잔 주세요"라 주문하는데, 이는 본인이 원하는 비율의 와인숄레를 직접 만들어 먹기 위함이다. 이 숄레는 다른 어디에서도 찾을 수 없는 독일만의 독특한 것이다.

처음에는 압펠숄레를 군이 왜 마셔야 하는 지 잘 이해하지 못했다. 사과 주스가 톡 쏘는 것도 어색했고, 100% 과일 주스만 고집하다 사과 향 나는 물을 마시는 것 같은 이상한 느낌도 별로였다. 그런데 몇 번 마시다 보니 탄산수도, 압펠숄레도 어느덧 중독되어 이제는 무언가 톡 쏘는 맛이 없으면 찝찝한 지경에 이르렀다. 게다가 한 병의 주스를 숄레로 만들어 마시면 주스의 양은 2배로 늘리고, 칼로리는 반으로 줄일 수 있으니 일석이조! 물은 마시기 싫고, 당 충전을 위해 시원한 주스는 마시고 싶지만 일반 주스나 와인은 부담스럽다면! 바로 이 숄레가 제격이다.

참고로 독일에만 있는 음료 중 전 국민에게 가장 인기 있는 음료로 슈페찌(Spezi)라는 것이 있다. 브랜드에 따라 메조 믹스(Mezzo Mix)라고도 불린다. 이는 다름 아닌 콜라와 오렌지 환타를 섞은 것인데 가장 유명한 것은 뮌헨의 유명 맥주 브랜드 파울라너(Paulaner)에서 만든 슈페찌이다. 오렌지 음료와 콜라 외에 레몬, 설탕을 더 첨가하여 완벽한 배합을 만들었단다. 콜라와 환타를 어린 시절 한 번쯤 섞어 먹어 보지 않은 사람은 누가 있겠냐만 이렇게 완성된 음료를 파는 것은 독일밖에 없다는 것을 독일 사람조차도 신기해한다. 슈페찌를 마시는 순간 초등학교 시절 방과 후에 들린 편의점에서 제일 큰 음료수 컵을 사다가 음료 기계에 있는 주스를 콜라, 환타, 사이다 차례차례 섞어 담아 먹었던 추억이 떠올랐다. 슈페찌라는 독일어가 친구를 뜻하는 속어인 걸 생각하니 왠지 어린 시절 친구들과 오랜만에 모여 시원하게 슈페찌를 한 잔 마시면 옛날 이야기들이 하나둘씩 나올 것만 같은 기분이 든다.

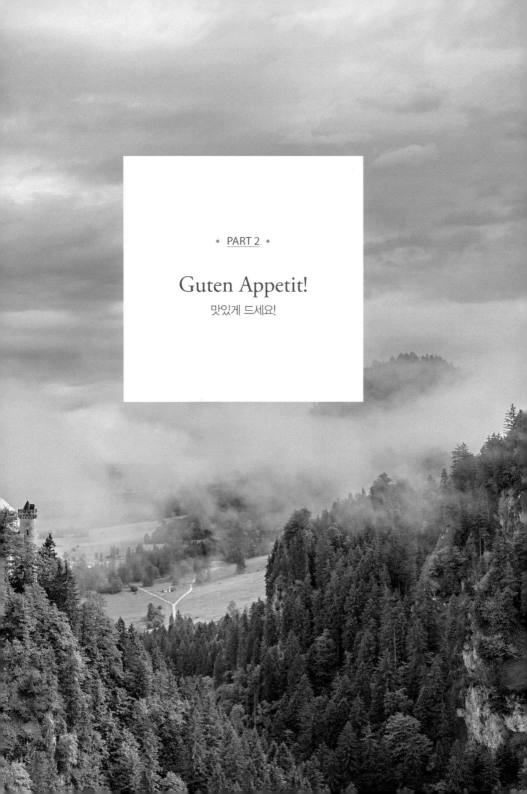

PART 2

Guten Appetit!

맛있게 드세요!

"독일은 어떤 음식이 맛있어요?"라고 물으면 선뜻 대답이 잘 나오지 않는다. 그중 가장 어려운 질문은 "독일 전통 음식 중에 맛있는 것은 무엇인가요?"다. 독일 전통 음식이라는 개념 자체는 독일인에게 조차도 무척 어렵다. 역사적으로 현재의 국토를 가진 '독일'이 생긴 것이 불과 얼마 되지 않은데다 오스트리아, 스위스, 체코, 헝가리, 폴란드, 러시아 등 독일과 한 역사 테두리 안에서 영향을 주고받은 나라가 워낙 많기 때문에 정확히 어떤 음식이 독일 음식으로 규정될 수 있는 지 애매하기 때문이다. 예컨대 굴라쉬(Gulasch)라는 고기 스튜가 독일 음식이기도 하고, 헝가리와 체코 음식이기도 하며 또 오스트리아와 스위스 음식이기도 한 것을 보면 그렇다.

보다 간단하게 독일인이 오래전부터 즐겨 먹는 음식이라 하면 세계적으로 유명한 소시지, 학센(Haxen), 슈니첼(Schnitzel), 자우어브라텐(Sauerbraten), 마울타우셴(Maultaschen) 정도가 있다. 몇 가지 독일 음식을 나열해놓고 보면 참 누가 봐도 육덕지다. 물론, 무척이나 부드럽고 달콤한 독일의 감자도 빼놓을 수 없지만 어쩐지 요리라고 하기엔 너무 거창하게 느껴진다. 게다가 이놈의 감자 요리는 독일 뿐 아니라 유럽 어딜 가도 본인들 감자가 제일 맛있다고 싸우는 마당이라 더 난감하다. 고기가 주재료인 음식이 워낙 많아 형태나 조리법 불문하고 고기를 좋아하는 사람이라면 독일은 정녕 천국이다. 좋은 품질의 고기를 슈퍼에서도 싼값에 구매할 수 있을 뿐 아니라 식당에서도 저렴한 값에 푸짐하고 질 좋은 고기 요리를 맘껏 먹을 수 있으니!

통째로 고기를 썰어 굽거나 삶아 후추와 소금으로 간만 하면 끝인 것 같은 투박한 독일 음식들을 보고 있으면, 신화의 주인공 토르처럼 커다란 근육이 여기저기 붙어있는 아저씨가 중세 시대 복장을 한 채 한 손에는 커다란 맥주잔을 들고 또 한 손에는 커다란 고기 한 조각을 쥐고 먹는 모습이 그려진다. 사냥이나 전쟁을 하고 온 뒤 먹는 음식처럼 말이다. 조리법도 양념도 다양한 우리나라의 다채로운 음식과 비교하면 독일 음식은 더 멋없어 보인다. 그렇지만 사실은 독일인들도 음식을 굉장히 좋아하고, 요리를 잘 또 즐겨 하기로 유명하다. 세계적으로 유명한 셰프도 많고 요리책이나 요리 방송도 대중에게 인기가 좋다. 음식 평가의 1인자라 불리는 미슐랭 랭킹만 봐도 2017년에 독일이 별 3개를 받은 식당 숫자로 4위를 선점한 걸 보면 놀라울 정도다. 맛있는 음식으로는 어디 가서 절대 뒤지지 않는 스페인과 이탈리아를 제쳤으니 굉장히 의외라는 생각도 든다.

독일인들이 하는 인사 중 '말짜잇!(Mahlzeit!)'이라는 말이 있다. 단순히 번역하면 '먹는 시간!'이라는 뜻인데, 식사를 하고 있는 사람을 보거나 식사 시간에 누군가를 만나면 던지는 인사다. 등산을 하다 잠시 쉬어가는 바위 위에 앉아 가방에 싸온 샌드위치를 까먹고 있으면 어느덧 지나가는 사람들이 하나둘씩 "말짜잇!" 하고 인사를 하고 간다. 그럴 땐 인사를 받는 상대도 똑같이 응대하면 된다. 이 말은 축복받은 식사 시간이라는 옛 독일 표현에서 유래되었다고 한다. "맛있게 드세요~"라는 말보다 왠지 이 '말짜잇'이 식사 시간과 내 앞에 놓인 이 음식을 마치 축복하는듯 더 소중하게 여기는 것 같아서, 나는 이 인사가 정말 듣기 좋았다.

한국에 함께 놀러 간 독일 친구가 1주일 정도를 지내보더니 한국의 레스토랑은 독일과는 정말 다른 것 같다고 이야기했다. 그에 따르면, 일반적으로 독일 식당은 어떤 특정 메뉴의 '전문점'이라는 것이 없고 그저 다 똑같은 독일 식당이라는 것이다. 어느 독일 식당을 가든 슈니첼, 브라텐, 감자튀김 그리고 채식주의자를 위한 파스타와 샐러드 몇 가지가 주 메뉴로 제공된다. 식당마다 추가 메뉴가 조금씩 다를 뿐이다. 외국 요리 전문점도 마찬가지로 베트남 음식점, 일본 음식점, 이탈리안 음식점으로 구분되고 대개 20가지 이상의 메뉴를 제공한다. 이처럼 독일 식당은 한 음식을 전문적으로 하지는 않는다. 김밥천국 같은 곳을 제외하면 우리나라의 식당은 '칼국수 전문점', '김밥 전문점', '보쌈 집'과 같이 한 음식을 전문적으로 제공하는 식당이 많고 메뉴도 비교적 간단하다. 외국 음식도 '일본 카레 전문점', '분짜 전문점'처럼 그 식당이 잘하는 전문 분야가 잘 명시되어 있다. 그렇다 보니 특정 음식을 대표하는 맛집도 많고 유명한 식당을 찾아 다니는 재미도 무척 쏠쏠하다. 이 친구는 독일에서 미슐랭을 받은 고급 레스토랑을 제외하고 다른 음식점들이 하나 같이 그저 그런 이유가 식당이 전문화되어 있지 않고 너무 많은 메뉴를 제공하기 때문인 것 같단다. 게다가 새로운 것에 잘 도전하지 않는 독일인의 특성상 신 메뉴를 개발해서 히트를 치기 보다는 안정적인 수입 구조를 끌고 가는 것이 더 낫다고 생각해서인지 슈니첼도 브라텐도 옛날이나 지금이나, 그리고 어느 식당에 가나 다 비슷한 것 같단다. 아마 독일의 전통 음식들이 우리나라 음식이었다면 벌써 신메뉴가 개발 되어도 몇 번은 개발되었을 것이라는 말도 덧붙였다. 정말 공감 가는 말이었다. 어떤 독일 식당을 가든 기본 수준 이상의 독일 음식을 먹을 수 있어 실패할 확률은 적지만 독일에 한 2~3개월쯤 살다 보면 금세 새로운 것을 갈망하다 고국의 음식을 그리워하는 외국인의 마음이 이런 이유에서 오는가 보다.

독일인들이 굉장히 사랑하는 음식 중 하나는 아스파라거스(Spargel)이다. 특히 하얀색 아스파라거스는 제철이 되면 모든 독일 식당에서 시즌 특별 메뉴로 제공할 정도로 일 년에 꼭 한 번은 먹어야 하는 음식으로 꼽힌다. 따라서 이 시즌에는 슈퍼는 물론 길거리에서 임시로 장사를 하는 간이 상점에서 싱싱한 아스파라거스를 만날 수 있다. 아스파라거스는 칼로리가 낮은 반면 영양소는 풍부하고 포만감도 주어 독일의 다이어트 식품이라고도 불린다. 조금 우스운 이야기지만 독일인들은 농담을 하기로, '아스파라거스 파는 식당 화장실 가면 냄새가 죽음이다'라고 하는데 아스파라거스를 먹고 난 뒤 보는 소변은 그 냄새가 무척 짙고 고약하기로 알려져 있기 때문이다.

대표적인 독일 아스파라거스 요리에는 하얀 아스파라거스를 잘게 썰어 넣어 만든 크림 수프, 그리고 삶은 흰 아스파라거스에 버터 소스를 곁들여 먹는 요리가 있다. 이 버터 소스는 종종 다른 독일 요리나 에그 베네딕트 같은 브런치 요리에도 곁들여져 나오는데 계란 노른자와 레몬, 소금, 후

추, 녹인 버터를 잘 섞은 뒤 열을 가해 따뜻하게 만든다. 이 요리 방법이 아스파라거스 고유의 맛을 가장 잘 살리고 건강하게 먹을 수 있는 것이라 여겨져 가장 흔하게 볼 수 있다. 이외에 아스파라거스를 토핑으로 올린 피자나 햄버거, 그릴에 구운 아스파라거스와 감자 요리도 맛있다.

아스파라거스는 독일 내에서는 로어작센 주, 브란덴부르크 주, 바덴뷔템부르크 주에서 가장 많은 양이 재배된다. 늘어나는 인기 탓에 아스파라거스를 생산하는 농장도 점차 늘어나고 있다고 한다. 여담이지만 아스파라거스를 수확하는 5월경부터 독일 미디어에서는 아스파라거스와 외국인 노동자에 대한 기사가 많이 조명된다. 아스파라거스는 뿌리 음식이다 보니 수확 과정에서 부러지기 일쑤라 기계가 아닌 사람이 직접 수확한다. 온종일 허리를 굽힌 채 구부려 앉아 일을 해야 하는 것이다. 워낙 육체적으로 힘든 노동이지만 시급이 그리 많지 않아서 이 일을 하려는 독일인이 많지 않다. 대신, 루마니아나 체코같이 농장에서 가까운 거리의 동유럽 국가에서 온 노동자들이 이 일을 대신한다. 사회 보장이 없이 하루 일해서 일당을 받지만 농장 옆에 작은 오두막에서 일을 하는 동안 무료로 지낼 수도 있고 음식도 제공을 받기에 가난한 동유럽 사람들에겐 좋은 기회로 여겨진다. 약 3개월만 일을 하면 고국으로 돌아가 6개월을 풍족하게 생활할 수 있다고 하니 말이다. 미디어는 아스파라거스가 있는 지역의 실업률이 높지만 그 실업자들에게 이런 일자리를 주어도 힘들게 농장에서 일해 번 돈이나 가만히 앉아 정부로부터 받는 실업 급여가 별 차이가 없어 이 농장 일을 선택하는 독일인이 없다는 것을 문제로 지적한다. 그와 함께 실업 급여에 대한 제도를 재검토해야 한다고 주장한다. 독일의 국민 채소 아스파라거스가 매년 이런 사회 문제 또는 주제를 부각시키는 것이 흥미로웠다.

맥주만큼 대단한
독일 소시지

어린 시절 즐겨 먹었던 음식 중에는 에센뽀득과 프랑크소시지가 있었다. 독일이란 나라가 어디에 붙어 있는지도 잘 모르던 때였지만 밥상에 올라오는 맛있는 소시지 반찬에 붙어 있는 포장지에 '독일에서 인정 받은', '독일 고유의 조리 공법을 쓴'라는 홍보 문구를 보고 그저 '아~ 독일은 소시지를 잘 만드는 나라구나' 정도로만 인식했었다. 그리고 독일에 간 뒤 지인 하나가 "독일은 소시지가 유명하죠? 에센뽀득, 프랑크소시지 그리고 비엔나소시지는 뭐가 다른 거예요?"라고 물었을 때, 적잖이 놀란 적이 있다. 그 때 처음으로 그 소시지 브랜드의 이름이 독일의 도시 이름에서 따온 것이라는 것을 알았고 또한 그 이름들이 부르기 좋은 도시 이름이라 붙여진 것이 아니라 지역별로 다른 소시지 조리 방법, 재료, 크기 등의 특징이 녹아있기 때문임을 알았다. 독일의 소시지는 맥주와 함께 독일을 대표하는 가장 중요한 식문화가 분명했다.

한국인에게 치맥이 있다면 독일인에겐 단연 소맥이 있다. 짭조름하고 포동포동한 소시지에서 터져 나오는 육즙과 고기를 씹고 있으면 별 수 없이 맥주 생각이 난다. 우리가 닭을 조리하는 방법이 천차만별이듯 독일인들도 소시지를 다양한 방법으로 즐긴다. 소시지 하나에 들어가는 칼로리가 식사 한끼나 마찬가지라며 소시지를 되도록 멀리하는 독일인들도 있지만, 거리를 걷다 그릴에서 구워진 소시지 냄새를 맡고 주문하지 않을 대단한 의지의 사람들은 별로 없는 것 같다. 그래서인지 여느 독일 식당이나 축제, 파티를 가든 소시지는 마치 기본값처럼 준비되어 있다.

1,200개가 넘는 소시지의 종류

독일에만 존재하는 소시지 종류가 무려 1,200개라고 한다. 세계 어떤 나라에 이렇게 한 가지 음식에 천 가지가 넘는 종류가 있을까 싶을 정도로 놀라운 숫자다. 소시지 종류는 기본적으로 조리 방법, 소시지 가공에 들어가는 고기와 양념 재료 그리고 소시지가 만들어진 지역에 따라 다르다.

조리 방법에 따르면 독일 소시지에는 스페인이나 이탈리아에서 흔히 보는 초리소(Chorizo)와 동일하게 가공한 소시지를 숙성, 건조시켜 별다른 조리 없이 그냥 먹는 로부어스트(Rohwurst)가 있다. 식당에서 안줏거리로 로부어스트와 갖가지 치즈를 잘라 넣은 메뉴를 시켜 와인이나 맥주와 곁들여 먹거나, 버터를 바른 빵 위에 얹어 주전부리로 먹곤 한다. 로부어스트 중에는 조각으로 얇게 잘라 먹지 않고 잘게 다져진 형태로 제공되는 것도 있다. 슈퍼에서 캔에 든 소시지를 고르면 이렇게 다진 소시지를 고를 확률이 높

다. 로부어스트는 크림치즈를 발라 먹듯이 빵이나 크래커 위에 두둑이 발라 먹으면 된다.

비어가든의 메뉴에 종종 복부어스트(Bockwurst)라고 쓰여 있는 것이 있는데 이는 우리가 가장 흔히 먹는 에센뽀득과 비슷하게 삶아서 나오는 소시지다. 그중 브류부어스트(Brühwurst)라고 하는 이 소시지는 짧은 시간 끓는 물에 데치거나 수증기로 찌는 방식으로 조리되는 소시지를 말한다. 독일인들은 이 소시지에 신선한 머스터드 소스를 듬뿍 발라 먹는다. 이 머스터드는 우리가 일반적으로 먹는 것처럼 단맛이 강하지 않고 알싸한 맛이 훨씬 강해 소시지의 느끼함을 단번에 잡아 주어 궁합이 굉장히 좋다. 또한 이 소시지를 잘게 썰어 병아리콩과 함께 걸쭉한 수프를 만들어 먹기도 하는데 그 맛이 일품이다.

코흐부어스트(Kochwurst)는 이미 한 번 조리가 되어 나온, 즉 한 번 익혀서 나오는 소시지로 대표적인 것이 바로 레버부어스트(Leberwurst)이다. 레버부어스트는 말 그대로 돼지나 소의 간이 들어간 소시지다. 스프레드처럼 부드러운 형태로 판매되기도 하고 어려서 도시락에 싸먹던 분홍 소시지처럼 동그랗고 길게 제공되기도 한다. 이 소시지는 간 특유의 냄새를 잡기 위한 방법으로 양파 다진 것이나 허브 다진 것을 함께 섞어 만들어진다. 베이커리에 파는 샌드위치에 연분홍색의 소시지가 펼쳐져 있다면 바로 레버부어스트일 확률이 높다. 빵에 발라 먹는 것이 가장 흔한 시식 방법이기 때문이다.

독일인은 물론, 외국인들이 가장 사랑하는 소시지는 바로 그릴에 구워 고기 육즙과 풍미가 전체에 퍼지는 브랏부어스트(Bratwurst)가 아닐까 싶다. 날이 따뜻해지면 비어가든에서는 야외 가든에 커다란 그릴을 놓고 소시지를 구워 그 엄청난 냄새로 행인들을 유혹하곤 한다. 바게트 같은 식감의 작은 빵을 반으로 잘라 빵보다 훨씬 긴 소시지를 끼워 넣어 핫도그처럼 먹는 것이 가장 맛있다. 온갖 소스와 갖은 채소, 피클을 넣어 주는 미국식 핫도그보다 훨씬 소시지 본연의 맛을 잘 느낄 수 있다.

김치가 지역별로 조금씩 맛도, 재료도 다르듯이 독일 소시지도 지역별로 천차만별이다. 프랑크푸르트의 프랑크푸르터(Frankfurter), 뮌헨의 바이스부어스트(Weißwurst), 브레멘의 핑켈(Pinkel), 팔라티나테 주의 자우마겐(Saumagen) 등 이름 하나하나에도 역사적 배경이 묻어난다. 이는 맥주와 마찬가지로 독일에서 다른 지역에 놀러 가면 그 지역의 소시지를 맛보아야 하는 이유다.

그중 내가 가장 좋아하는 소시지는 단연 뉘른베르크 소시지, 뉘른버거(Nürnberger)이다. 손가락 같이 얇고 긴, 돼지고기 소시지인데 마조람이라는 허브가 들어가는 것이 특징이다. 크리스마스 마켓이 열리는 12월에 뉘른베르크 시내를 걸으면 나무 석탄불에 지글지글 구워지는 뉘른베르크 소시지 풍미에 고개를 절로 돌리게 된다. 이 소시지는 그 명성과 인지도를 높게 인정받아 현재는 유럽연합의 PGI(Protected Geographical Indications)가 뉘른베르크 도시 안에서만 생산될 수 있도록 법적으로 보호하고 있다.

다른 소시지와 달리 뉘른버거의 크기가 작은 이유에 대해 여러 가지 이야기가 많다. 그중에서도 중세 시대 뉘른베르크 감옥의 죄수들의 방에 음식을 공급할 수 있는 아주 작은 구멍만 있었는데, 바로 이 구멍에 넣기 위해 소시지를 작게 만들었다는 설이 무척 흥미로웠다. 이 감옥의 이름이 '구멍이 있는 교도소'라서 이 주장은 무척이나 그럴듯하다. 이 소시지가 처음 역사적 기록에 언급된 것이 1313년인 것을 보면, 중세 시대 말부터 뉘른베르크 도시와 역사를 함께 공유한 뜻깊은 소시지라는 생각이 든다.

세계적으로 가장 잘 알려진 소시지는 아무래도 프랑크푸르터(Frankfurter)인 것 같다. 이 소시지는 로마 제국 막시밀리안 2세의 대관식에서 처음 사용된 음식으로 알려져 있다. 1979년 이 소시지를 보존하기 위해 도시 이름을 따 프랑크푸르터라고 짓고 요리법을 인쇄, 보관하였다고 한다. 본래 요리법에 따르면 돼지고기로 만든 것이 원조지만 요즘은 돼지고기와 소고기를 모두 섞어 만들기도 한다. 프랑크푸르트 지역 특산 와인인 압펠바인(Apfelwein)과 함께 삶은 물에 데친 프랑크푸르터와 감자 샐러드를 먹으면 프랑크푸르트를 제대로 즐겼다고 할 수 있다.

커리부어스트
(Currywurst)

　　한국에 온 뒤 며칠이 지나면 가장 생각나는 음식은 다름아닌 커리부
어스트(Currywurst, 카레 소시지)다. 그릴에 잘 구운 소시지를 먹기 좋은 크기로
잘라, 카레 케첩 맛이 나는 소스를 듬뿍 부어 먹는 독일의 대표적 거리 음
식이다. 한때는 이 감칠맛 나는 소시지에 중독되어 점심때마다 동료와 회
사 근처에 있는 키오스크(Kiosk, 간이 상점)에 달려가 사 먹었는데 그 덕에 한 달
만에 몸무게가 불어나 후회했었다. 고작해야 단맛이 강한 토마토 소스에
카레 가루를 넣었을 뿐인데 어찌나 중독성이 강한지 한국에서 술을 마실
때면 그 맛이 자꾸 그리워졌다.

　　베를린에는 이 음식을 파는 키오스크나 패스트푸드 식당에 가면 간
판이나 메뉴에 '우리가 원조 커리부어스트'라고 주장하는 것을 볼 수 있다.
원조 보쌈, 진짜 원조 보쌈집 하는 것처럼 베를린 사람들도 우리가 먼저라
고 주장 하는 것이 재미있었다. 어찌됐든 커리부어스트가 이 이름으로 팔
리기 시작한 것이 적어도 베를린인 것은 확실해 보인다. 베를린에서 여행

을 하다 허기가 져 잠시 들린 작은 비어가든에서 맥주를 시켜 놓고 담소를
나누는데, 테이블 위에 놓인 휴지통에 '커리부어스트의 역사'에 관한 짧은
이야기가 쓰여 있었다. 이 이야기에 따르면 1949년, 2차 대전 이후 한 영국
군인이 독일에 카레 가루를 가져온 것이 시초가 되었다. 당시 베를린의 샬
로텐부르크(Charlottenburg)라는 지역에서 키오스크를 운영하던 '헤르타 호이베
어'라는 독일 여성이 있었다. 실수인지, 고의인지 소시지에 뿌려먹는 토마토

소스에 카레 가루를 뿌렸는데 맛을 보니 꽤 괜찮았던 모양이다. 최적의 배합을 만든 뒤 소시지에 부어 먹는 소스로 'Chillup'이란 이름을 붙여 상점에서 팔기 시작했고 큰 인기를 끌며 작은 식당으로 비즈니스를 확장했다. 현재는 많은 식당에서 각자의 레시피대로 카레 소스를 만들어 팔고, 슈퍼에서도 병에 담긴 카레 소스를 쉽게 구할 수 있다. 말 그대로 국민 간식이다.

최근 커리부어스트 트렌드는 커리부어스트에 매운맛을 추가한 것이다. 베를린의 유명 커리부어스트 프랜차이즈는 이 매운맛을 3~5가지 정도로 구분했는데, 이것이 인기를 끌자 프랑크푸르트에는 매운맛을 열 가지로 구분해 판매하는 커리부어스트 키오스크가 생겨 사람들의 이목을 끌었다. 물론, 불닭볶음면을 신나게 먹어대는 한국인에게 그저 칠리 파우더를 잔뜩 추가한 커리부어스트는 제아무리 매운맛이라도 감당할 수 있는 정도다. 콜라를 한 잔 곁들여 마시면 이내 입에서 사라지는 매운맛이기 때문에, 오래도록 입안에서 불을 내는 한식의 매운맛과는 차이가 있다. 당당하게 아마추어 독일인들을 제쳐두고 가장 매운맛을 선택 후 한 접시 싹 비워내면 조금 뿌듯하기까지 하다. 베를린의 커리부어스트가 독특한 이유는 한 가지 더 있다. 커리부어스트를 하나 달라고 주문을 하면 그곳에서는 "창자가 있는 것을 드릴까요 없는 것을 드릴까요?"라는 질문을 받는다. 즉, 소시지 겉을 둘러싼 창자 껍질이 있는 것과 없는 소시지를 선택할 수 있다.

아무리 커리부어스트를 예찬해도 '그래 봤자 케첩 소시지지!' 하고 의구심을 품는 사람이 있을까 노파심이 들었던 모양인지 베를린에는 커리부어스트 박물관까지 생겼다. 솔직히 소시지, 특히 이 커리부어스트에 대해 말할 것이 얼마나 많다고 이런 박물관을 만들었을까 우스웠다. 처음 방문

81

했을 때는 심지어 무료도 아닌 11유로씩이나 받는 입장료에도 충격을 받았다. 입장권을 살까 말까 고민하던 차에 문 앞에 놓여진 소시지 그림의 기계를 보았다. 스크린을 보니 '당신에게 가장 잘 어울리는 커리부어스트 종류를 알려 드립니다.'라고 써있었다. 누가 만들었는지 엄청나게 영리한 소시지 심리테스트인가보다 하는 마음에 스크린이 묻는 질문에 차근차근 대답을 해나갔다. 결과가 나오기 전! 기계는 나에게 말했다. '5유로를 넣어 주시면 결과를 알려 드립니다.' 엄청난 배신감이 들었다. 내 자존심에 고작 내 성격과 잘 어울리는 소시지를 알아 보겠다고 5유로를 낭비할 수 없어 뒤돌아 박물관을 빠져 나왔지만 이 박물관을 지은 사람의 열정만은 인정해야 했다.

두 번째 베를린을 방문하던 때, 어디서 또 소시지 박물관을 가보겠나 하는 마음에 한 끼 식사를 아껴 박물관을 방문해 보기로 했다. 박물관 안에는 커리부어스트의 역사와 다양한 레시피가 재미있는 소시지 조형물과 장식으로 꾸며져 있다. 매년 얼마나 커리부어스트가 팔리는지, 베를린에서 가장 유명한 커리부어스트 간이 식당은 어디인지, 전 세계 어디에서 커리부어스트가 팔리고 있는지에 대한 정보도 얻을 수 있다. 박물관의 하이라이트(?)로 커리부어스트와 관련된 재미있는 노래를 불러대는 커다란 케첩병 모형도 만날 수 있다. 커리부어스트의 단짝 친구인 감자튀김 모양의 인형을 들고 친구와 베개 전쟁을 벌이는 것도 빼먹을 수 없는 재미다. 박물관 여행의 마지막은 물론 커리부어스트를 직접 먹어보는 것으로 장식해야 한다. 이렇게나 재미있게 들리지만, 누군가 진지하게 박물관 입장에 대해 물어본다면 그저 베를린에서 맛있는 커리부어스트를 사먹는 것만으로 충분하지 않겠냐고 속삭여 주고 싶은 마음이다.

독일의
거리음식

케밥은 터키 음식이 아니라
독일 음식이다?

케밥은 독일에서 가장 흔한 거리 음식이다. 매일 거의 600톤이 넘는 케밥용 고기가 팔리고, 연간 판매량이 3백 5십억 유로에 이른다고 한다. 정말 엄청난 양이다. 맥도날드나 버거킹에서 사 먹는 햄버거 값보다 비슷하거나 싸고, 재료도 더 신선하며, 훨씬 양도 많아서 미국의 패스트푸드점은 유독 독일 중앙역 부근 외에는 맥을 못 춘다. 회사원들의 점심 식사용, 가족들의 피크닉 간식은 물론, 새벽까지 맥주를 마시고 놀다 집에 가는 길에 사먹는 야식으로 이제는 독일인의 음식 문화에서 빠져서는 안 되는 음식이 되었다.

독일인 동료와 독일의 음식 문화에 대해 이야기할 때였다. 아시아에는 길거리 음식도 아주 다양하고, 밤늦게 클럽에서 놀다가 먹을 수 있는 음식점도 무척 많은데, 독일에는 고작해야 기차역 근처나 시내에 열어있는

케밥과 감자튀김이 전부인 것 같다고 시큰둥하게 이야기하고 있었다. 바로 그때 나는 논쟁에 불을 붙이는 말을 하고 말았다. "심지어 그 케밥이란 것도 독일 음식이 아니라 터키 음식이지 않냐"고 말이다. 케밥 집에 들어가면 나를 반갑게 맞아주는 사람은 언제나 터키 사람들이었으니, 나에게는 의문의 여지가 없는 사실이었다. 그러나 친구는 이 말을 듣고는 놀란 토끼 눈으로 반박을 했다. 지금 우리가 먹고 있는 형태의 되너(Döner) 케밥은 터키 음식이 아니라 엄연히 독일 음식이라고 말이다. 우리는 서로가 맞다고 증명하기 위해 동료들을 불러 모으고, 인터넷 검색을 하다 결국 위키피디아의 정의대로 케밥은 터키에서 처음 발명되었고 독일에서 되너로 변형되어 널리 알려졌다고 마무리 짓기로 했다. 지금도 길 가는 독일인들을 붙잡고 물으면 독일에서 먹는 오늘날의 케밥은 독일에서 시작된 음식이라고 주장 하는 사람을 다수 만날 수 있다.

이런 논쟁의 원인은 처음 터키에서 개발되었다고 기록된 터키 케밥과 독일에서 먹는 케밥에 조금 차이가 있기 때문이다. 본래 터키 음식으로 알려진 케밥은 커다란 꼬챙이에 끼워 구워진 양고기 덩어리를 잘게 잘라 접시에 밥, 야채와 함께 담아주는 것이었다. 그리고 오늘날 독일과 인근 유럽 국가에서 즐기는 되너 케밥은 고기와 야채를 두룸이라고 불리는 빵 사이에 가득 넣는 형태이다. 그리고 양고기뿐 아니라 돼지고기, 소고기를 사용하기도 한다. 이에 대해 터키 되너 생산 협회 회장은 두룸에 넣어 먹는 되너 케밥은 독일에서 처음 발명된 것이 맞다고 확언을 하여 논쟁에 불을 지폈다.

가장 널리 알려진 이야기에 따르면 '카디르 누르만'이라는 20대의 터키인이 1960년 슈투트가르트로 이민을 온 뒤 처음 되너 케밥을 발명했다. 카디르는 베를린으로 이주한 뒤 인쇄업에서 일을 했는데 당시 공장에서 일하는 많은 사람들이 쉽고 간편하게 먹을 수 있는 점심이 없다는 것을 깨닫고 패스트푸드에 대해 고민하기 시작했다. 카디르는 자신의 고향 터키에서 먹는 전형적인 케밥을 보다 먹기도 좋고 들고 다니기도 편하도록 터키식 빵에 넣어 샌드위치 형식으로 변형하여 웨스트 베를린에서 팔기 시작한 것이 바로 되너의 탄생이자 되너가 베를린의 대표 음식이 된 과정이다. 나아가 되너는 터키계 이민자들이 독일 사회에 잘 정착하여 음식 문화를 형성하고, 또 독일 문화와 융화하는데 큰 역할을 했다.

오늘날 베를린에서 가장 유명한 케밥집을 꼽으라면 단연 '무스타파 야채 케밥(Mustafa's Gemüse Kebap)' 집이다. 워낙 유명하여 문을 여는 시간부터 이미 사람들이 줄을 서기 시작한다. 어떤 도시의 물가를 알고 싶으면 케밥의 가격을 보면 된다고 하는데 무스타파 케밥은 베를린의 물가가 조금씩

무스타파 야채 케밥(Mustafa's Gemüse Kebap)

올라감에도 불구, 여전히 굉장히 저렴한 3유로 가격에 거대하고 신선한 케밥을 제공하여 사랑 받고 있다. 무스타파 케밥은 이름 그대로 고기를 넣지 않은 야채 100% 케밥으로 유명해졌다. 먼저, 당일 들여온 신선한 야채를 큼지막하게 썰어 기름에 튀긴다. 그 위에 두꺼운 치즈와 잘게 부순 치즈를 아낌없이 얹어 넣어 주는데, 양

이 워낙 많아 처음 한 입을 베어 먹는 데 큰 용기와 전략이 필요하다. 그래서 첫 데이트 음식으로는 아주 위험하다. 아무리 깨끗이 먹으려고 해도 줄줄 쏟아져 내려오는 야채를 피할 수 없으니 말이다. 야채 케밥이 시그니처 메뉴지만 고기가 들어간 케밥도 맛있다. 이 작은 케밥 집에는 건조된 야채, 야채 모형, 그리고 우리나라의 돈을 포함한 다른 나라의 돈도 벽에 마구 달려있어 구경하는 재미도 쏠쏠하다. 워낙 인기가 많다 보니 이 원조 집을 모방한 야채 케밥 집이 여러 곳 생겨났지만 손님들은 언제나 안다. 어느 곳이 원조인지.

감자튀김 그리고 프랜차이즈

독일에서 감자튀김은 포메스(pommes) 또는 포메스 프리테스(pommes frittes)라고 불린다. '포메스'는 불어가 어원으로 '사과'의 복수 형태다. '프리테스'는 '튀긴'이라는 뜻이다. 즉, 이를 직역하면 '튀긴 사과'인데, 아마도 유럽의 감자가 너무 부드럽고 달콤하여 땅속의 사과 같아서 그렇게 부른 것은 아닐까 추측해본다. 독일인들은 이 감자튀김에 케첩보다 마요네즈를 찍어 먹는 것을 훨씬 좋아한다. 이 감자튀김은 케밥, 소시지, 햄버거, 슈니첼 등 고기 음식의 사이드 메뉴로 주로 제공되고, 케밥과 독일의 거리 음식 양대 산맥을 이룰 정도로 어디서든 찾을 수 있다.

이토록 흔한 음식인데, 최근에는 이 감자튀김을 주메뉴로 하는 감자튀김 전문 프랜차이즈가 급속도로 증가하고 있는 것이 특이하다. 감자 튀김 프랜차이즈만 해도 어느덧 'Frittenwerk', 'Pommesfreunde',

'Bobby&Fritz', 'Pommesfrites' 등으로 다양해졌다. 이들은 본인들이 개발한 다양한 소스를 제공하거나, 감자튀김 위에 잘게 다진 고기 또는 치즈를 얹어주는 등 기존의 단순한 감자튀김을 한 단계 업그레이드 했다. 물론 가격은 그 덕에 일반 감자튀김보다 조금 비싸다. 게다가 감자튀김은 본래 간이 음식점에서 사서 서서 먹거나 돌아다니면서 먹는 그야말로 거리 음식이었는데 이 프랜차이즈들은 카페나 일반 레스토랑처럼 공간을 멋스럽게 꾸미고 여러 개의 테이블도 구비하여 앉아서 편하게 먹고 가는 고급 간식으로 감자튀김을 대하는 인식마저 바꾸고 있다.

본래 독일은 약 10년 전까지만 해도 프랜차이즈 비즈니스가 미국, 영국이나 다른 아시아 국가에 비해 많지 않았다. 기껏해야 관광객이 많이 드나드는 공항이나 기차역에 미국 패스트푸드나 커피 전문점이 하나씩 있을 뿐 지역 주민이 운영하는 작은 식당들이 아주 오랜 시간 마을의 터줏대감으로 자리를 지키며 행인들의 배를 채워주었다. 그런데 어느새 감자튀김부터 시작하여 이탈리안 레스토랑, 케밥, 햄버거 레스토랑까지 조금씩 프랜차이즈가 거리를 점령하는 비율이 늘어나고 있는 것이 안타깝다. 많은 독일인들도 프랜차이즈로 음식의 맛이 획일화되고, 도시의 거리가 어딜 가든

비슷해지는 데다 무엇보다 지역의 작은 식당들이 점점 살아남기 어려워지는 것을 많이 우려하고 있지만 이런 프랜차이즈의 흐름을 막기는 어려워 보인다.

임비스(Imbiss)로 시작된
아시아 음식의 선풍적 인기

독일에서도 아시아 음식에 대한 인기가 높아지고 있다. 몇 년 전까지만 해도 이탈리안 식당, 아랍 식당을 제외하고는 외국 레스토랑이 그리 많지 않았다. 특히 적당한 아시아 식당은 더욱 찾기 어려웠다. 최근에는 대도시를 중심으로 일본의 스시, 롤의 인기에서 시작하여 아시아 음식에 대한 관심이 많이 높아져 일본 식당, 베트남 식당, 태국 식당은 물론이고 대형 슈퍼마켓 안에 아시아 음식 코너가 따로 생길 정도로 힙한 음식이 되었다.

김밥을 한번 만들려면 꼭 먼 곳의 아시아 슈퍼마켓에 따로 가야 했던 시절에 비하면 지금은 독일 슈퍼에서도 쉽게 재료를 구할 수 있어, 도시에 사는 아시아 이민자들이 음식 때문에 겪는 고충은 조금 줄어들지 않았나 싶다.

아시아 음식 중에서 비교적 오래전부터 독일 음식 문화의 한 부분을 형성했던 것이 있다. 바로 아시아 임비스(Imbiss, 간이 식당)이다. 독일인들에게 가장 친숙한 아시아 음식이란 바로 임비스 식당, 즉 기차역이나 시내에 조그맣게 자리한 간이 식당에서 볼 수 있는 패스트푸드다. 미국에서 붐을 일으킨 판다 익스프레스의 변형 버전이라고 생각하면 될 것 같다. 도시에 있는 중앙역에만 하나씩 자리잡고 있던 이 식당은 이제 시내 거리 한복판, 동네에 있는 골목길, 번화가 거리, 공원 옆에서도 아주 쉽게 볼 수 있다. 그중에는 프랜차이즈에 성공한 음식점 브랜드도 몇 곳 있다. 대부분 중국 이민자들이 식당을 운영하여 이곳에서 판매하는 모든 메뉴가 중국 음식이라고 생각하는 독일인이 많지만, 실제로 음식을 들여다보면 국적을 불문한 갖가지 메뉴가 섞여 있다. 태국의 볶음면과 카레, 중국의 웍, 베트남 쌀국수가 기본 메뉴로 주로 들어가있다. 5~9유로 사이의 저렴한 가격에 빠르게 조리되는 아시아 음식을 먹을 수 있어 정말 밥이 그리울 때 종종 찾곤 했지만, 늘 먹고 나면 속이 더부룩한 것처럼 느껴지는 음식이었다.

이 아시아 임비스에 대해 생각해 보게 된 계기가 있었다. 다섯 명이 함께 모여 살았던 뮌헨의 셰어하우스에 이사하고 한 달쯤 지났던 때였다. 친구들이 모두 한국 친구를 한 번도 사귀어보지 못해, 한국 음식이나 문화에 대해 전무했다. 그래서 이사온 것을 기념하는 겸 친구들을 위해 처음으로 다양한 한국 요리를 만들어 디너 파티를 열어 주기로 했다. 하지만 친구

들의 반응이 시큰둥했다. 그러더니 내게 아주 조심스럽게 한 친구가 물었다. "우리는 한국 음식을 한 번도 안 먹어서 봐서 어떤 건지 잘 모르겠는데…. 혹시 중국 음식이랑 비슷하니?"라고. 그래서 곧바로 "아니야 한국 음식은 정말 많이 달라, 너희가 좋아할 거라고 확신하는 음식만 만들거니까 걱정 마!"라고 대답해 주었더니 조금 안심이 되는 모양이었다. 그리고 그 날 저녁 비빔밥과 감자전, 불고기를 만들어 대접했다. 다들 그래도 걱정이 되었는지 "나는 오늘 배가 별로 안 고프니, 조금만 담아줘도 괜찮아"라고 주문을 하길래, 듣는 둥 마는 둥 많은 양의 밥을 넣어 주었다. 그리곤 차려진 음식을 한 입씩 먹어보는 친구들. 음식을 맛보자마자 말없이 폭풍 흡입을 하더니 금세 접시를 다 비워버렸다. 그 모습이 너무나 귀여워서 물었다. "아까는 조금 달라더니, 배가 고팠나 보구나?"라고. 그러자 한 친구가 결국 고백을 했다. 본인들이 먹어 본 아시아 음식은 기차역에 있는 간이 음식점에서 파는 아시아 음식인데, 워낙 기름기가 많고 그곳을 지날 때마다 코를

찌르는 강한 간장과 향신료 냄새가 싫었다고 말이다. 대부분의 아시아 음식은 다 그런 건 줄 알아서 내가 요리를 해 준다고 했을 때 어떻게 거절을 해야 하나 많이 고민했단다. 그래서 나는 사실 그 음식점에서 제공되는 것들은 모두 독일화 된 것이고, 실제로 좋은 중국 식당이나 태국 식당에 가서 제대로 된 음식을 먹으면 아시아 음식에 대한 편견이 완전히 깨질 것이라고 대답해 주었다. 그 음식이 아시아를 잘 모르는 독일인에게 아시아 음식을 대표하는 것처럼 되어버린 것이 많이 안타까웠다. 그 후로 친구들은 나와 뮌헨에 있는 아시아 레스토랑 맛집을 하나둘씩 시도하며 한국 음식뿐 아니라 아시아 음식의 마니아가 되었다.

독일에서 음식 문화 트렌드를 이끄는 곳은 바로 베를린이다. 워낙 외국인의 비율이 높고, 젊은층이 중심이 되는 스타트업 비즈니스가 가장 많이 성장해서인지 이곳에는 다른 어떤 독일 도시와 비교가 안 될 정도로 다양한 음식, 레스토랑이 매일 생겨난다. 자고 일어나면 새로운 식당이 생길 수 있는 도시는 단연 베를린뿐이다. 이곳에서 몇 년 전부터 아시아 음식이 선풍적인 인기를 끌고 있다. 원래 인기 있던 스시는 둘째치고 기존에는 별로 알려지지 않았던 한국 음식이나, 중국 본토 음식이 젊은층들 사이에서 '힙한' 음식으로 소문이 나더니 최근에는 식당뿐 아니라 푸드트럭까지 비즈니스가 확장되고 있다. 가장 큰 이유는 단연 웰빙을 쫓는 트렌드일 것이다. 기름지고 칼로리가 높은 독일 음식 대신, 야채가 많이 들어가고 건강한 것으로 알려진 아시아 음식을 찾는 것은 세계적인 유행인 것 같다. 특히 베를린에는 번화가 거리 한곳에 한식당이 두 곳 이상이 있을 정도로 한식의 인기도 무척 높아졌다. 베를린에서 시작된 아시아 음식의 인기는 프랑크푸르트, 뮌헨, 쾰른 같은 대도시를 중심으로 점점 퍼져나가 임비스에 국한되어 있던 아시아 음식에 대한 선입견을 조금씩 바꾸고, 새로운 음식에 대한 거부감을 많이 누그러뜨리는 힘이 되고 있다. 이제는 적어도 독일인 열 명 중 한 명은 한식을 먹어본 경험이 있을 정도라 괜히 뿌듯한 마음도 든다.

독일인의 아이스크림 사랑

독일에서 처음 맞는 여름, 내가 가장 아쉬워했던 것 중 하나는 한국에서 무척 사랑했던 아이스크림 브랜드 B사가 그 어딜 가도 없다는 것이었다. 그때까지만 해도 나는 B사 아이스크림이 최고인 줄 알았다. 하지만 독일에는 이 아이스크림 집이 필요 없다. 한 블록 넘어 한 블록일 정도로 많은 젤라또 아이스크림 집이 여름이 되면 거리를 가득 채우기 때문이다. 이탈리아가 원조이지만, 독일을 두고 아이스크림 국가라고 부르는 이유가 여기에 있다. 날씨가 조금만 따뜻하고 쾌청해지면 많은 독일인들이 거리에 나와 광합성을 하고 이 아이스크림을 먹는다. 낮에 가면 심지어 어린 아이들보다 아이스크림을 즐기는 할머니 할아버지를 훨씬 더 많이 볼 수 있다. 아이스크림 집 앞에서 길게 줄을 서고 있는 사람들을 보면 얼굴에 즐거움이 가득하다. 참고로 독일인들은 줄 서는 것을 무척 싫어하는데, 아이스크림 집 앞에서는 다들 관대해지는 것 같다.

아이스크림을 향한 독일인의 사랑은 1800년대부터 시작했다고 한다. 자클레띠라는 이탈리아 한 가족이 뮌헨에 와 젤라또 스타일의 아이스크림을 처음 판매하기 시작하면서부터다. 케밥이 독일 내 터키 이민자들의 삶의 원동력이 되었다면, 아이스크림은 이탈리아 사람들이 독일에서 정착할 수 있도록 도와준 초기 비즈니스 중 하나였다. 1900년대 이후 아이스크림 가게는 4천 개 이상으로 급격히 늘었다. 여전히 대부분의 아이스크림 집은 이탈리아계 이민자들이 운영하고 있다. 독일인들은 아이스크림을 그저 컵이나 콘에 올려 먹는 아이스크림에서 하나의 디저트 문화로 완전히 탈바꿈시켜버렸다. 그 이후엔 다른 재료들을 사용하여 웨딩 케이크를 만들 듯 화려하게 장식한 아이스크림을 발명했다.

이 화려한 아이스크림은 가게에 있는 메뉴를 보면 한눈에 알 수 있다. 식당에 있는 메뉴보다도 훨씬 두꺼운 아이스크림 메뉴에는 아이스크림을 넣은 디저트가 수십 가지 제공된다. 우리가 아이스크림을 넣은 팥빙수를 만들어 먹듯 독일 사람들도 아이스크림과 다른 것을 넣어 칼로리 폭탄의 디저트를 먹는다. 그중 남녀노소를 불문하고 독일인들이 좋아하는 아이스

크림은 슈파게티아이스(Spaghettieis)라는 놈이다. 아이스크림을 스파게티 면발처럼 뽑아 접시에 놓고, 그 위에 생크림과 딸기 잼을 가득 부어 준다. 딱 토마토 스파게티의 모습이다. 아이스크림을 씹는 맛과 크림의 맛이 잘 어우러져 입안에 넣는 순간 '이래서 아이스크림 가게에 와야 하는 구나!'라고 저절로 깨닫게 된다. 이외에 어려서 많이 먹던 파르페처럼 과일, 씨리얼, 과자들을 큰 그릇에 잔뜩 놓고 크림과 시럽을 뿌린 뒤 아이스크림을 한가득 올려주는 메뉴도 많다. 아이스크림이나 올라가는 재료에 따라 각기 이름이 다르다. 커다란 아이스크림을 인당 하나씩 시켜놓고 맘껏 먹다, 마지막에 에스프레소 한 잔으로 입가심을 하는 것. 그것이야 말로 독일에서 가장 평범하게 여름날을 보내는 것이 아닐까 싶다.

프랑크푸르트에 30년 동안 아이스크림 집을 운영하던 이탈리아 아저씨가 있었다. 프랑크푸르트 토박이던 친구의 어머님은 본인이 어렸을 때부터 날씨가 좋은 주말마다 아버지 손을 잡고 가던 아이스크림 집이라 누구보다 이 집에 대한 애정이 깊었다. 처음 그분이 나를 아이스크림 집에 초대했을 때, 어찌나 열정적으로 그 아저씨가 만드는 아이스크림이 최고인지 설명해주는 바람에 나 역시 왠지 모르게 그 집에 대해 애틋함이 생겼었다. 그러던 어느 날 아저씨가 돌아가셨고, 물려받을 자식이 없어 아이스크림 가게가 문을 닫게 되었다. 여름 한철 장사만 해도 남은 1년은 스페인의 따뜻한 섬에서 편안히 보낼 수 있을 정도로 문전성시를 이루던 가게였지만, 그 아저씨가 만들던 그대로 아이스크림을 잘 만들 수 있는 사람이 없었던 탓인지 가게는 오래도록 문을 닫더니 결국 빵집 체인점으로 바뀌어 버렸다. 이를 알고 친구 어머니는 섭섭함에 대화 도중 눈물을 흘렸다. 1년이 멀다 하고 가게가 바뀌는 한국에서는 어려서 먹던 가게가 남아있는 곳을 찾는 것이 불가능한 것은 익숙한 일이지만, 독일에서는 흔한 일이 아니다. 그래서 독일 아주머니는 어려서부터 즐겼던 이 아이스크림을 더이상 즐길 수 없고 늙어 할머니가 될 때까지 추억을 쌓을 수 있는 아이스크림 집이 더는 존재하지 않는다는 생각에 가슴이 아팠던 것 같다. 이후에는 다른 아이스크림 집을 갈 때마다, 이 아이스크림 집은 오랫동안 그 동네의 독일인과 함께했으면 좋겠다는 바람이 들곤 한다.

독일의
가정식

독일인의
삼시 세끼

    독일인들과 식사를 할 때면 자주 "한국인들은 하루 세끼를 어떻게 먹어요?"라는 질문을 받는다. 전통적으로는 아침, 점심, 저녁 크게 구분 없이 밥과 서너 가지의 반찬을 먹는다고 이야기하면 다들 도대체 그것을 매번 어떻게 준비하느냐고 묻는다. 일상적으로 먹는 음식 준비 시간이 어지간하면 15분을 넘지지 않는 독일인에게 한식이란 참으로 많은 시간과 공을 들여야 하는 예술의 경지로 비춰질 것 같다. 또한 이 와중에 매 끼니 밥을 짓고, 반찬을 달리하여 먹는다니 비교적 끼니를 간단히 해결하는 독일인에게 한국인은 밥 먹는 것조차 대단히 부지런한 민족으로 인식될 것 같기도 하다. 감탄하는 그들에게 최근에는 한국인들도 모두 바쁘고, 맞벌이 가정이나 1인 가정이 늘어 대개 아침은 간단히 때우고 점심은 밖에서 사 먹으며 나머지 한 끼, 저녁은 되도록 요리하여 따뜻하게 먹는다고 덧붙여 설명하면 이제서야 이해가 된다는 듯 고개를 끄덕인다.

우리가 독일 전통 음식이라고 일반적으로 이야기하는 다양한 고기 음식은 사실 독일 가정집에서는 잘 요리하지 않는 것들이다. 슈니첼, 브라텐, 학센은 일반 주방에서 만들기에는 일이 많고 조리 시간도 너무 길다. 그래서 대개 이러한 음식은 레스토랑이나 비어가든에서 외식할 때 또는 사람들을 초대하여 식사를 대접할 때 먹곤 한다. 평소에 먹는 음식 중에는 오히려 독일 음식이 아닌 것들이 훨씬 많다. 예컨대 간단한 파스타와 샐러드, 샌드위치, 플람쿠헨 등이다. 자녀들의 독립이 일찍 시작되는 독일 문화 특성상, 온 가족이 모여 저녁 식사를 같이 하는 시간이 많기 때문에 평소에는 식사 준비에 많은 공을 들이지는 않는다. 한 번의 식사에 대개 메인 메뉴 한 가지씩만 준비하다 보니 음식 쓰레기나 설거지할 접시도 적게 나와 뒤처리도 효율적이다.

독일인들은 아침 식사를 무척 좋아한다. 바쁜 평일에는 진하게 내린 따뜻한 커피 한 잔과 빵 하나 또는 뮤즐리나 씨리얼로 아침 식사를 대체하지만 주말처럼 여유가 있을 때는 천천히 오래도록 풍성한 아침 식사를 즐긴다. 오전 일찍 가족, 친구들과 집 또는 카페에서 아침 식사를 함께 나누는 것이 독일인들이 주말을 시작하는 방법이다. 미국에 브런치 레스토랑이 있는 것처럼 독일에는 아침 식사를 제공하는 카페가 인기가 많다. 이 아침 식사에 빠질 수 없는 것은 바로 독일의 빵, 그리고 다양한 치즈와 햄이다. 아침 식사용으로 먹는 빵은 동그랗고 작은 바게트 같이 생긴 브롯쉔(Brötchen, 지역에 따라 Sammeln으로도 불림)이라는 빵이다. 오븐에 잘 구운 이 빵은 겉은 바삭하고 속은 부드럽다. 빵 전용 칼로 반을 뚝 잘라, 부드러운 면에 버터를 바르고 그 위에 잼, 치즈, 햄, 야채 등 준비된 재료 중 원하는 것을 얹어 먹는다. 그래서 아침 식사를 하고 나면 빵을 반으로 자르다 여기저기 튄

독일의 아침식사

빵가루들이 눈에 띈다. 사실 나는 처음에 칼로 빵을 잘 자르지 못해 여러 차례 친구들에게 놀림을 받기도 했다. 부드러운 빵의 속이 다 튀어 나오거나, 절반으로 잘 자르지 못하거나 또는 자르는 데 다른 사람보다 유독 오랜 시간이 걸렸다. 게다가 버터를 직접 발라먹는 것에 익숙하지도 않고 한국에 사는 동안 갖게 된 '버터는 엄청나게 살이 찌는 좋지 않은 지방이다'라는 인식에 이미 거부감이 잔뜩 있어서, 처음엔 빵에 버터를 바르지 않거나 아주 소량을 발랐다. 이때마다 주변에서 빵을 맛있게 먹을 줄 모른다고 핀잔을 듣기도 했다. 그 모습이 답답했던지, 한 번은 남자친구가 빵에 버터를 아낌없이 마구 바른 뒤 고다 치즈를 얹어준 뒤 먹어 보라고 건넸다. 정성스럽게 만든 것을 거절할 수 없어 한 입 베어 문 순간, 아! 이것이 신세계라는 것을 느꼈다. 내 사랑 버터! 독일에서 맛 본 버터는 한국에서 먹었던 버터나 마가린과는 너무나 달랐다. 빵에 바르는 순간 사르르 녹아 버리는 부드러움과 엄청난 고소함에 반할 수밖에 없었다. 그래서 유럽 사람들이 빵 뿐만 아니라 다른 식사에서도 버터를 많이 사용하고 먹는 거구나, 라는 것을 바로 알 수 있었다. 지금은 군이 버터가 필요하지 않은 부드러운 빵에도 버터를 아낌없이 발라 먹고도 지방에 대한 죄책감을 느끼지 않는 경지에 이르렀다.

빵에는 삶은 계란도 자주 곁들여 먹는다. 독일에 가기 전엔 삶은 계란을 먹는 방법은 만국 공통인 줄 알았다. 잘 삶은 계란을 딱딱한 표면에 탁탁 쳐 껍질을 모두 벗기고 소금을 조금 찍어 입에 쏙 넣어 먹는 것이야말로 삶은 계란을 대하는 올바른 태도가 아닌가? 하지만 독일에서는 부드럽게 삶아진 계란을 몸이 반쯤 잠기는 작고 오목한 계란 그릇에 하나씩 쏙 담아 준다. 계란 그릇도 놀라운 마당에 계란 전용 수저와 계란 전용 소금 통도 준다. 역시 독일인들은 하나의 용도에 최적화 된 도구를 만드는 데 선수다. 전용 수저로 계란 머리를 살짝 쳐 금이 가게 만든 후 계란 위 1/3 정도만 껍질을 벗기고 그 안을 우아하게 파먹는 것이 독일인들이 생각하는 삶은 계란을 먹는 정석이다. 한 수저 파먹고, 소금 통을 조심스럽게 흔들어 소금을 한 번 뿌린 뒤 또 한 수저 파먹는다. 이런 것을 알리 없는 나는 처음에 단정하게 담겨있는 계란을 군이 그릇에서 뺀 뒤, 테이블에 내리쳐 껍질을 다 까고, 그 껍질을 계란 그릇에 예쁘게 담아 사람들을 놀라게 만들었다. 난 그 그릇이 껍질을 담으라고 있는 것인 줄로만 알았다. 계란 그릇이 귀여워 탐이 나긴 해도, 껍질이 다 까진 계란을 한 입에 쏙 넣어야 직성이 풀리는 것은 어쩔 수 없다.

독일인들은 전통적으로 점심에 따뜻한 음식을 먹고 저녁은 간소하게 먹었다. 그러나 최근에는 점심도 비교적 간단하게 먹고 저녁은 집에서 조리해 먹는 것으로 바뀌고 있다. 특히 직장인이나 학교에 다니는 경우 간단하게 먹을 수 있는 샌드위치나 샐러드를 선호한다. 아직 반나절이나 남아있는 하루를 활기차게 보내고 먹는데 소비하는 시간을 되도록 절약하기 위함이다. 학생이나 직장인들은 집에서 간단히 도시락을 싸오거나, 대형 슈퍼에 있는 샐러드바 또는 빵집을 이용한다. 규모가 큰 회사나 학교에는 뷔페식의 카페테리아가 구비된 곳이 많다. 왠지 이런 곳에서는 준비되어 있는 음식을 최대한 많이 먹어 본전을 뽑아야 할 것 같은데 독일인들은 생각보다 많이 먹지는 않는다. 그저 본인이 먹는 샐러드 종류 하나, 주 메뉴 한두 가지 정도를 먹을 수 있는 만큼만 담아 깨끗이 비워낸다. 폭식이나 과식, 많이 먹는 것을 미련하다고 여기는 데다 되도록 건강한 음식을 먹으려는 웰빙 식사 문화가 독일 전반에 퍼져있기 때문이다. 다른 나라에서 한동안 유행했던 먹방이 유독 독일에서 인기가 별로 없는 것이 이러한 이유에선지 모르겠다. 독일인 친구들과 함께 식사를 하면 오히려 본인들보다 훨씬 많이 먹는 것처럼 보이는 한국인들을 보고 도대체 왜 한국인이 더 날씬한 건지 모르겠다고 혀를 내두르곤 했는데, 아마 식사량 자체보다는 너무 맛있어 피할 수 없는 독일의 맥주와 초콜릿, 감자튀김 같은 간식이 워낙 고칼로리라 그런 것이 아닐까 싶다.

저녁 식사는 차게 먹는 방법과 따뜻하게 먹는 방법 두 가지로 나뉜다. 차게 먹는 저녁 식사는 아침과 비슷하다. 아벤트브롯(Abendbrot, 저녁 식사용 빵)에 버터, 치즈, 햄과 소시지 같은 가공육, 야채를 곁들여 먹는 것이다. 햄 종류 외에 독일인들이 즐겨 찾는 것 중에는 훈제된 연어도 있다. 저녁 식사용 빵은 일반적으로 독일 빵이라고 했을 때 가장 먼저 떠오르는 색깔의 어둡고 커다란 덩어리의 곡물 빵이다. 통밀 또는 호밀 100%에 여러 가지 씨

앗과 견과류를 섞어 만들기 때문에 한 조각만 썰어 먹어도 포만감이 굉장히 큰 것이 특징이다. 감자 샐러드나 오이 샐러드도 사이드로 자주 곁들여 먹는다. 가장 전형적인 감자 샐러드는 굵게 썬 감자를 익혀 베이컨, 양파를 넣고 식초, 설탕, 머스터드를 섞은 소스를 버무려 만든다. 지역에 따라 잘게 다진 오이 피클이나 삶은 계란을 으깨 넣기도 한다. 식초 때문에 미국의 매쉬 포테이토나 우리나라의 감자 샐러드와는 달리 약간 시큼한 맛이 나는 것이 특징이다.

따뜻한 저녁 식사의 우두머리는 단연 각종 파스타이다. 독일에서 파스타가 없는 삶은 상상하기 어렵다. 이탈리아에서 수입하는 파스타의 종류도 어마어마하게 많고, 가격도 500g짜리 봉지당 1유로에 불과하여 한국에서의 라면과 비슷한 역할을 하는 것 같다. 파스타는 온전히 이탈리아 음식인 줄 알았지만 실은 독일 전통 파스타도 있다. 바로 '슈페츨레(Spätzle)'라는 것으로 미국의 맥앤치즈와 매우 비슷하다. 애벌레 같은 파스타와 치즈, 양파, 버터 이렇게 네 가지 재료만 있으면 만들 수 있는 간단한 음식이지만 쫄깃쫄깃한 면과, 버터에 오래도록 볶아진 깊은 풍미의 양파, 그리고 아낌없이 덕지덕지 붙어있는 치즈를 먹으면 금세 행복해진다. 따라서 채식주의자가 가장 사랑하는 맥주 안주용 메뉴이기도 하다. 슈페츨레의 본고장이라고 할 수 있는 바이에른 지역에서는 슈페츨레 면 반죽에 시금치나 호박의 즙을 넣어 색다르게 제공하기도 한다. 그중 시금치 슈페츨레라는 기회가 되면 꼭 한번 먹어보기를 추천한다. 그 맛은 단연 으뜸이다. 물론 고기가 들어가지 않았다고 해서 칼로리에 안심해선 안 된다. 엄청난 양의 버터와 치즈가 들어간다는 것을 잊지 말자.

독일 김치로 우리나라 사람들에게도 비교적 잘 알려진 자우어크라우트(Sauerkraut)는 고기 요리나 소시지 요리의 반찬으로 자주 등장한다. 이는 독일인들이 변비 치료에 즐겨 먹는 음식이기도 하다. 놀랍게도 자우어크라우트를 만드는데 필요한 것은 고작 양배추와 소금, 그리고 공기가 전혀 들어가지 않는 피클용 용기밖에 없다. 이렇게나 준비가 간단하다니! 참으로 신사적인 김치라 할 수 있다. 이것저것 꾸미지 않고, 덧붙이지 않으며 필요한 것만 최소로 정확히 준비하는 독일인의 특성을 잘 대표하는 음식인 것 같다. 자우어크라우트는 양배추를 아주 잘게 썰어 소금에 약 10분 정도 절인 뒤, 양배추의 물기를 극대화하기 위해 손으로 양배추를 10분 정도 주물럭댄 후 용기에 담아 잘 발효될 때까지 기다리기만 하면 된다. 양배추에서 나

슈페츨레(Spätzle)

오는 단물과 소금기가 합쳐져 발효 후 완성된 자우어크라우트는 자연히 신 피클 맛을 낸다.

독일인들이 좋아하는 요리 중에는 오븐을 사용해야 하는 것이 많다. 슈페츨레도 마지막에 오븐에서 익힌다. 따라서 독일 가정집에는 오븐이 없는 곳이 거의 없고, 좋은 오븐을 가지는 것에 큰 자부심을 가진다. 오븐에서 조리하는 인기가 좋은 독일 고기 요리 중에는 로우라덴(Rouladen)이라고 불리는 소고기말이가 있다. 아주 얇게 썬 소고기에 소금, 후추, 파프리카 가루를 뿌린 뒤 머스터드 소스를 바른 다음 그 위에 베이컨 한 장과 다진 양파를 올린다. 고기 끝부분에 작은 오이 피클 하나를 올려 피클을 중심으로 고기를 돌돌 만 뒤 오븐 접시에 담아 1~2시간동안 오븐에서 오래도록 익힌 뒤 그레이비 소스를 부어 먹는다. 고기 요리 중에서 비교적 손이 덜 가는데다 완성된 요리의 모양이 예뻐 손님을 초대했을 때 내놓기 좋은 음식이기도 하다.

독일인들이 이도 저도 다 귀찮을 때 잘 해먹는 요리 중에는 감자 오븐 구이가 있다. 흔히 우리가 그라탱이라고 알고 있는 음식과 유사하다. 독일에서는 아우프라우프(Auflauf) 또는 카세롤레(Kasserolle)라고 불린다. 독일에서 처음 만든 요리는 아니지만 어느덧 독일에서도 무척 평범한 음식이 되었다. 요리 방법은 매우 간단하다. 감자를 얇게 썰고 그 위에 피망, 양파, 버섯을 썰어 넣어 올리브 오일에 잘 버무린 뒤 소금으로 간을 하고 치즈를 듬뿍 올려 오븐에 20분 정도 굽는 것이다. 감자 외에 파스타나 쌀, 고구마를 베이스로 넣기도 한다. 이 음식은 중북부에서 즐겨 먹는다. 특히, 프랑크푸르트에서 1시간 거리에 있는 말부르크라는 작은 소도시에서 가장 인기있다. 커다란 오븐 접시에 담겨 나오는 치즈 향 가득한 아우프라우프가 말부르크에서는 고작 6유로, 뮌헨에서 사먹는 커리부어스트 가격보다 싸서 말부르크에 있는 유학생들의 가벼운 호주머니에 가장 적합하기 때문인지도 모르겠다.

독일인은 아플 때 어떤 음식을 먹을까?

누구든 살면서 무척 서러워질 때는 아플 때다. 몸이 아파 어디에도 가지 못하고 침대에 누워 있을 때, 끼니라도 챙겨 줄 사람이 없으면 엄청난 외톨이가 된 듯 외롭고 우울해진다. 친구나 가족이 아프다고 하면 옆에 꼭 붙어 계속 걱정해주고, 약도 사다 주고 안 먹겠다고 손사래 쳐도 죽이라도 먹으라며 상을 차려주는 한국인들과 달리 독일인들은 아픈 사람들을 보살펴주는 데 익숙하지 않은 것 같다. 본인이 아플 때 다른 사람에게 바이러스를 옮길까 스스로 조심하기도 하고, 반대로 아플 때 성가시게 하는 사람 없이 혼자 푹 쉬고 회복할 수 있도록 배려해주는 마음도 있다. 그래서 누가 아프다고 하면 그저 '도움이 필요하면 언제든지 이야기해! 네가 부를 때까지는 귀찮게 하지 않을게'라고 이야기하고 조용히 기다려 줄 뿐이다. 이런 독일 문화에서 나를 무척 감동시킨 친구가 있었다. 뮌헨에 살 때 함께 살던 룸메이트인데 이틀째 몸살이 된통 걸려 침대 밖을 나오지 못하고 있던 내게 먼저 다가와 비타민 음료를 사다 주고 따뜻한 음식도 만들어 주었다. 그 친구가 만들어 준 음식을 처음 보고 한국의 죽과 무척 비슷하게 생겨 놀랐다. 내가 한국인이라는 것을 배려해서 쌀이 들어간 음식을 만들어 준 걸까 하는 생각이 들었는데 나중에 알고 보니 독일에서도 아플 때 종종 만들어먹는 달달한 죽이었다. 사람 사는 곳은 어딜 가나 공통점이 참 많다는 걸 느꼈다.

이 죽의 이름은 바로 밀히라이스(Milchreis)이다. 쌀에 물 대신 우유를 부어 오래도록 끓인 뒤, 설탕과 계피를 넣어 간을 맞춘다. 단맛 덕에 주식보다는 디저트용으로 더 많이 먹는 음식이지만 음식을 잘 씹지 못하는 어린아이나 환자들에게 자주 제공되기도 한다. 씹는 맛이 죽과 푸딩 중간 정도되어 목 넘김이 무척 부드럽고, 소화가 잘 되어 복통이나 감기에 모두 좋기 때문이다. 쌀로 탄수화물 섭취를 충분히 하니 에너지 공급에도 좋고 칼슘도 풍부하여 여타 영양은 없고 달기만 한 디저트보다는 훨씬 건강한 디저트이자 회복 음식으로 손꼽힌다.

참고로 독일인들은 일본과 한국에서 주로 먹는 동그란 쌀은 잘 먹지 않는다. 식사용으로는 주로 바스마티처럼 가볍고 긴 동남아시아 원산지 쌀을 많이 먹는다. 독일인들이 동그란 우리 식 쌀을 이용할 때는 바로 앞서 말한 죽이나 리조또 같이 점성이 높아야 하는 음식을 만들 때이다. 독일의 마트에서 한국식 쌀이나 리조또 쌀을 사려면 값이 다른 쌀보다 비싸다. 밀히라이스를 사다가 밥을 지으면 저렴한 값에 한국식 밥을 만들 수 있다는 것을 팁으로 기억하면 좋겠다.

개인적으로 가장 사랑하는 독일 음식, 린젠아인톱프(Linseneintopf)도 독일인들이 아플 때 먹는 음식 중 하나다. 이는 독일식 렌틸 콩 수프이다. 냄비 한가득 재료를 넣어 끓이는 수프 정도로 해석할 수 있다. 독일 수프는 대개 치킨 스톡이나 야채 스톡으로 베이스 국물을 낸다. 식당에 가도 사실이 국물을 직접 우려내는 곳은 거의 없고 대개 슈퍼에서 파는 것으로 대신

한다. 이 국물에 렌틸 콩, 양파, 당근, 감자를 잘게 썰어 넣은 뒤 재료가 모두 잘 익어 국물이 걸쭉해질 때까지 끓이면 된다. 조리법도 간단하지만 한 그릇만 먹어도 콩의 단백질과 영양분을 온전히 다 섭취하는 것처럼 든든하여 왠지 없던 면역력도 다시 불끈 생길 것만 같다. 게다가 렌틸 콩은 장에도 좋아 배가 살살 아플 때에도 이 수프를 먹으면 화장실에서 아픈 뱃속에 있는 모든 것을 끄집어 낼 수 있다.

독일에도 육회가 있다
- 메트(Mett)

에센에서 직장생활을 할 때 함께 일하던 상사 중 한 명이 쾰른 출신이었다. 이 상사가 50번째 생일을 맞아 동료들과 함께 축하하기 위해 엄청난 요리를 손수 준비해 회사로 들고 온 적이 있었다. 이날을 평생토록 잊을 수 없는 이유는 바로 이분이 준비한 요리의 충격적인 비주얼과 이틀이 지나도록 사무실을 떠나지 않는 냄새 때문이었다. 쉬어 터진 김치가 펑 하고 터져 온 방을 채웠을 때의 냄새에 맞먹을 만한 강력한 놈이었다. 이 음식은 바로 독일의 육회 '메트(Mett)'다.

메트는 잘게 다져진 돼지고기에 소금과 후추를 넣어 간을 하고, 마늘과 캐러웨이라는 허브, 그리고 생양파를 잘게 썰어 고기와 섞어 만든다. 마늘과 양파가 생고기와 합쳐졌으니 그 향은 이미 맡아보지 않아도 상상할 수 있다. 이렇게 만든 메트는 일반적으로 빵이나 짭조름한 비스킷에 발라 먹는다. 이는 남부보다는 북부에서 조금 더 자주 볼 수 있는 음식이다. 독일인들 중에서도 이 메트를 좋아하는 사람은 그렇게 많지 않다. 대개 중년 남성들이 파티나 뷔페 음식으로 좋아한다.

독일이 내륙 국가이다 보니 해안이 가까운 북부 지역 사람들을 제외하고 대부분의 독일인들은 익히지 않은 음식을 좋아하지 않는다. 일본의 스시가 인기를 끌기 시작한 것도 고작해야 몇 년 되지 않았고 그전에는 대부분 기름을 사용해 굽거나 바짝 튀기는 음식이 대부분이었다. 그래서 독일에 육회가 있다는 것을 아는 사람은 많지 않다. 메트의 놀라운 점은 바로 소고기가 아니라 돼지고기를 넣어 만든다는 것이다. 어려서부터 소고기는 대충 익혀 먹어도 돼지고기는 아주 바짝 익혀서 먹어야 병에 걸리지 않는다고 배웠기 때문에 이 메트가 안전한 음식인지에 대해 어쩐지 계속 찝찝한 느낌이 들어 한 입 베어 무는 데까지 큰 용기가 필요했다. 심지어 동료 중 하나는 오스트리아에서 상한 메트를 먹고 23명의 어린이가 사망한 사건도 있었다고 이야기해주어 등골을 오싹하게 만들었다. 시간이 지나는 만큼 세균 증식 위험이 커 신선한 고기로 당일 만든 것만 판매해야 하고, 반드시 2도 이하의 온도에서 보관해야 한다. 내 상사도 새벽 5시부터 만든 메트를 큰 크기의 아이스박스에 드라이아이스를 넣어 귀하게 사무실로 모셔왔다.

1950년대에는 이 메트가 파티 음식으로 인기 있었다고 한다. 메트를 잘 치댄 후 고슴도치 모양을 만들고, 프레첼

스틱 과자나 길게 썬 양파를 그 위에 마구 꽂아 고슴도치의 털처럼 장식한 뒤 눈과 코를 올리브로 만들어 장식하면 메티겔(Mettigel)이라는 파티용 음식이 완성된다. 비위가 약한 사람은 사진이든 실물이든 이 메트 고슴도치를 처음 보면 온몸에 소름이 쫙 돋고 식욕을 잃게 된다. 음식 플레이팅에 크게 관심이 없는 독일인이지만 메트를 손님에게 대접할 때는 현실감을 극대화하기 위해 상추를 큰 쟁반에 펼쳐 그 위에 메티겔을 올려놓아 잔디 위에 있는 고슴도치를 묘사한다. 날 돼지고기를 먹는 것도 외국인으로서는 큰 용기인데, 굳이 고슴도치까지 직접 헤집어 먹게 해주시니 영광스러울 따름이다. 사실 직접 맛을 보면 양파와 마늘 향이 워낙 강해 고기의 맛이 많이 느껴지지 않고 다진 고기라 부드럽게 넘어가 냄새나 비주얼에 비해서는 그 맛이 훨씬 가벼운 편이다.

독일의 명절 음식

독일의 가장 큰 명절은 12월의 크리스마스이다. 거의 대부분의 회사가 문을 닫고 일을 하지 않는 12월의 마지막 2주는 가족, 친구들과 따뜻한 글루바인을 마시며 맛있는 음식을 만끽할 수 있는 최고의 시간이다. 크리스마스를 아름답고 따뜻하게 보내기 위해 한 달 전부터 집안에 다양한 크리스마스 장식품을 놓고, 계피향이 나는 향초를 피우며 트리를 만든다. 이렇게나 열성적으로 크리스마스를 맞이하는데 막상 독일 사람들에게 "크리스마스에 독일인들은 어떤 음식을 먹나요?"라고 물으면 쉽게 대답을 못한다. 심지어 사람마다 다른 음식을 이야기 한다. 어떤 가정에서는 라클렛이라는 치즈 요리를 먹기도 하고, 또 어떤 사람들은 질 좋은 스테이크를 구워 먹기도 하고 따뜻한 굴라쉬 수프를 만들어 빵과 함께 즐긴단다. 시간이 지나면서 성탄절을 대표하는 음식에 대한 인식이 많이 줄어든 것만은 확실하다.

전통적으로는 크리스마스에 오리나 거위, 칠면조를 통째로 구워 먹었다고 한다. 외국 영화에서 명절 때만 되면 갓난아이만큼 큰 칠면조를 구워 성찬을 벌이는 미국인이나 영국인을보며 서양인들은 모두 비슷하지 않을까 으레 짐작만 했었는데 왠지 뿌듯하다. 다만 칠면조는 워낙 크기가 크고 독일에서 파는 곳이 많지가 않아 직접 요리하는 가정은 별로 없다. 요리를 한다면, 3시간 정도되는 오랜 시간 오븐에서 구운 고기를 각자의 접시에 나눠 담아 머스터드 소스에 찍어 먹거나 소스 없이 고기 본연의 맛을 즐긴다. 고기를 먹기 전 에피타이저로 제공되는 음식은 우리나라의 못난이 만두와 비슷하게 생긴 제르비에텐크뇨들(Serviettenknödel)이다. 크뇨들은 독일 전통 음식 중 하나로 감자가루나 빵조각을 동그란 찹쌀떡 모양으로 빚어 물에 삶아 쫀득하게 만든 뒤 소스를 곁들여 먹는 음식이다. 제르비엔크뇨들은 빵에 페타질리, 양파, 우유, 버터를 넣어 치댄 반죽을 크고 길게 만들어 헝겊으로 말아 덮은 뒤 물에 삶는다. 이름의 제르비에텐(Servietten)은 식당에서 주는 냅킨을 뜻하여 붙은 이름이다. 이는 고기를 좋아하지 않은 사람도 즐겨 먹을 수 있는 크리스마스 음식이다.

근래에 가정집에서 자주 먹는 명절 음식은 라클렛(Raclette)이다. 독일 전통 음식이라기 보다는 스위스에서 유래한 음식이라고 알려져 있다. 라클렛은 향이 짙은 노란 치즈 이름인데 먹는 방식이 재미있다. 라클렛 후라이 팬이라고 불리는 커다란 전기 팬은 6개 또는 8개의 구멍이 있는데, 이 구멍

라클렛(Raclette)

카르토펠푸퍼(Kartoffelpuffer)

마다 소꿉장난에서나 볼 법한 작은 팬이 끼워져 있다. 각자가 이 작은 팬을 하나씩 맡는다. 팬 위에 본인이 넣고 싶은 재료들을 다양하게 넣고 그 위에 라클렛 치즈를 한 장 올린 뒤 전기 팬에 꽂아 치즈가 맛있게 녹을 때까지 기다렸다가 앞 접시에 담아 먹는다. 보통 라클렛에 올라가는 재료로는 삶은 감자가 필수고 옥수수콘, 피망, 베이컨, 버섯, 연어 등은 기호에 따라 다양하게 준비하면 된다. 특별한 준비 없이 재료를 잘라 놓기만 하고 이 전기 팬만 준비해 놓으면 많은 수의 사람이 본인이 원하는 대로 즐겁게 식사할 수 있어 파티 음식으로도 인기가 좋다.

크리스마스라고 독일인들이 가장 사랑하고 아끼는 감자를 빼놓을 수는 없다. 크리스마스 마켓에 가면 소시지 구이만큼 자주 보이는 간식이 있는데 바로 카르토펠푸퍼(Kartoffelpuffer)라고 불리는 독일의 감자전이다. 이는 해쉬 포테이토나 우리나라의 감자전과 만드는 방법이 거의 비슷하다. 감자를 얇고 길게 채 썰어 반죽한 뒤 흥건한 기름에 바짝 튀겨낸다. 다만 독일 감자전의 특별한 점은 바로 사과 무스를 곁들여 먹는다는 점이다. 소금으로 간을 한 짭조름한 감자전과 단맛의 사과를 같이 먹는다니 어쩐지 앞뒤가 맞지 않는 음식인 것 같은데, 이 사과 무스가 바삭바삭한 감자전의 식감에 촉촉함을 더해주고 기름의 느끼함을 잡아주어 훨씬 맛있게 느껴진다. 게다가 빠르게 포만감도 주어 크리스마스 시즌 길거리 음식으로는 으뜸이다.

오리와 칠면조를 먹는 전통은 많이 약해졌지만 크리스마스 전통 디저트는 여전히 사랑 받고 있다. 그중 쿠키를 제외한 대표 디저트는 바로 렙쿠헨(Lebkuchen)과 슈톨렌(Stollen)이라 불리는 과일 케이크이다. 11월 이후 독일 슈퍼나 빵집에 가면 겉에 하얀 파우더 설탕이 가득 묻어 있는 긴 빵 한 덩어리를 볼 수 있는데, 이것이 바로 슈톨렌이다. 중세 말 드레스덴의 크리스마스 마켓에서 팔리기 시작하면서 보편화되었다고 한다. 따라서 드레스덴 슈톨렌이라고 부르기도 하고 크리스마스 슈톨렌이라고 불리기도 한다. 만드는 사람이나 지역마다 반죽에 들어가는 재료가 조금씩 다르다. 기본적으로는 오트, 밀가루와 물, 버터로 만든 반죽에 건포도와 레몬즙, 다른 말린 과일을 넣어 반죽한 뒤 이스트를 추가해 발효시켜 굽는다. 드레스덴에서는 매년 슈톨렌 축제를 열어 이 빵과 그 전통을 기념한다. 축제를 장식하는 하이라이트로 트럭만큼 큰 대형 슈톨렌을 만들어 선보이기도 한다.

렙쿠헨(Lebkuchen)은 영국의 진저브레드와 비슷한 빵이다. 다른 점은 생강 향보다 계피 향이 훨씬 짙다는 점이다. 처음 먹으면 약간 알싸한 맛이 있어 좋아하지 않는 사람도 다수 있는데 몇 번 더 먹다 보면 그 맛에 금세 중독된다. 슈퍼에서 판매하는 포장된 렙쿠헨은 기계로 만들어졌지만, 여전히 많은 빵집에서는 렙쿠헨을 손으로 직접 만든다. 그래서 좋은 브랜드의 렙쿠헨은 그 모양이 모두 일정하지 않고 조금 울퉁불퉁하기도 하고 찌그러진 원모양을 띠기도 한다. 렙쿠헨은 밀가루, 설탕, 계란, 꿀, 견과류 가루가 기본으로 들어가고 특유의 향을 내기 위해 계피, 생강, 고수 등의 향신료가 추가된다. 최근에는 이 렙쿠헨에 초콜릿이나 레몬 설탕을 겉에 바르거나 렙쿠헨 속에 아몬드 토핑을 넣어 다양한 입맛에 맞추려는 시도를 하고 있다. 축제 시즌 독일을 여행하면 아주 커다란 하트 모양의 쿠키가 관광 상품을 판매하는 상점이나 중앙역 기념품 가게에 주렁주렁 매달려 있는 것을 볼 수 있는데 이것이 바로 대형사이즈의 렙쿠헨이다.

　렙쿠헨은 무려 13세기부터 전통이 이어 내려온 독일의 과자이다. 독일 식문화를 구성하는 많은 음식과 음료가 수도원에서 발전되었듯이, 렙쿠헨도 수도사가 처음 발명한 것으로 알려져 있다. 역사적 기록에 따르면 울름과 뉘른베르크에서 각 1200년대, 1300년대에 처음 렙쿠헨을 만든 제빵사가 있었다고 한다. 그중 특히 뉘른베르크가 렙쿠헨으로 유명해졌다. 그래서 뉘른베르크는 슈톨렌과 마찬가지로 렙쿠헨을 널리 알린 '원조' 지방이라는 자부심이 크다. 그 배경은 지역적 특성에 있었다. 렙쿠헨에 쓰이는 재

렙쿠헨(Lebkuchen)

료는 수입에 많이 의존했는데, 뉘른베르크가 로마 제국 시절 중요한 무역 중심지 중 하나였기 때문에 렙쿠헨 생산을 보다 많이 할 수 있던 것이었다.

뉘른베르크의 렙쿠헨 빵집 중에서는 렙쿠헨 슈미트(Lebkuchen Schmidt)가 가장 유명하다. 이는 공항의 면세점에서도 쉽게 만나볼 수 있을 정도로 국제적인 상품이 되었다. 렙쿠헨 슈미트의 가장 큰 특징은 화려하고 아름다운 렙쿠헨 포장이다. 상점에서 독일과 뉘른베르크의 역사가 한눈에 보이는 그림을 상자부터 봉지, 캔까지 다양한 형태의 포장에 담겨 있는 것만 봐도 감탄이 절로 나온다. 렙쿠헨 슈미트의 설립 이야기도 굉장히 흥미롭다. '성공하는 사업가들은 어디선가 번뜩 계시를 받는 걸까'는 생각이 들 정도로 시대에 한참 앞서가는 아이디어를 떠올리곤 바로 실행에 옮기는 것 같다. 슈미트를 설립한 슈미트 형제도 그와 같았다. 슈미트 형제는 1927년 무역 거래에서 고객으로부터 돈 대신 진저브레드가 한가득 든 트럭을 받게 되어, 이를 판매해야 하는 처지에 놓였다. 그토록 많은 양의 진저브레드 트럭은 한 사람에게 모두 팔기가 쉽지 않아 고안해 낸 것이 매력적인 포장 박스를 만들어 광고를 하여 일반 소비자들에게 나누어 파는 방법이었다. 물론, 이 전략은 바로 성공했고 슈미트가 뉘른베르크에 작은 빵집을 열어 진저브레드를 판매하기 시작한 것이 오늘날 90년이 넘는 시간까지 이어오게 되었다. 지금은 뉘른베르크 말고도 다른 지역에서 슈미트의 렙쿠헨을 쉽게 구할 수 있지만 역시 원조 집에 가야 왠지 더 제대로 된 렙쿠헨을 맛볼 수 있을 것만 같은 '느낌적인 느낌'이 든다. 예쁜 포장을 한 제품에 더하여 무시할 수 없는 초콜릿과 계피가 어우러진 방금 구운 빵의 향을 맡으면, 자동 반사적으로 지갑을 열게 되니 렙쿠헨 슈미트는 앞으로 몇 백 년은 더 독일인의 곁을 지켜줄 수 있을 것 같다.

독일인처럼 투박한
독일 빵

독일인과 똑 닮은
독일빵

　독일인들이 출근, 통근하는 아침 시간부터 빵집은 사람들로 붐빈다. 길게 줄을 선 사람들은 저마다 한 손에는 걸어가면서 먹을 빵 하나, 다른 한 손에는 커피를 들고 가게를 나온다. 거리를 걷는 사람들, 잠시 벤치에 앉아 있는 사람들 그리고 대중교통 등 언제 어디서나 빵을 먹는 사람들을 볼 수 있다. 가히 '빵 공화국'이라 할 수 있다. 주말이 되면 가족, 친구들과 함께하는 아침 식사를 위해 커다란 봉지 한가득 빵을 담아가는 독일 사람들. 오후 2시밖에 안 되었는데, 어느덧 인기 있는 빵은 금세 진열대에서 사라진다. 주말에 맛있는 빵을 먹으려면 누군가 한 명은 꼭 부지런히 일어나 빵집을 향해야 한다. 매년 독일인 한 사람이 먹는 빵이 무려 87kg이라고 하니 나처럼 지독한 빵순이도 독일에선 명함을 내밀기 어렵다.

　독일 친구들에게 아주 자주 묻는 질문이 한 가지 있었다. "네가 독일을 떠나 다른 나라에서 나처럼 산다면 어떤 독일 음식이 가장 그리울 것 같아?" 외국에서 살아 본 친구들과 그렇지 않은 친구들 모두에게서 공통적으로 나오는 답은 언제나 하나였다. 바로 '빵'이다. 영국에서 살다 온 동료는 도대체 어떻게 미국 사람들이 샌드위치용 하얀 식빵이나 베이글 따위를 두고 빵이라고 할 수 있는 지 모르겠다며 향수병에 걸려 혼났다는 우스갯소리를 해대기도 했다. 세계 2차 대전 중에 미국으로 망명을 갔던 독일의 작가 베어톨트 브레시트(Bertolt Brecht)도 자신의 일기에 "미국에서는 제대로 된 빵을 구할 수가 없다."라고 불평을 했다고 하니 예나 지금이나 독일인들에게 가장 중요한 주식은 빵이 아닐까 싶다.

사실 한국에서는 독일 빵보다 프랑스나 일본의 빵이 훨씬 유명했기 때문에 처음엔 독일 빵에 대해 시큰둥했었다. 아무래도 한국에서 먹던 부드럽고 달콤한 디저트 빵 맛에 오랫동안 길들여져 있었기 때문인 것 같다. 처음엔 독일 빵이 대조적으로 딱딱하고, 거칠고 또 건조하게만 느껴졌다. 그래서 뮌헨에서 함께 살던 프랑스 출신 친구와 함께 독일 빵을 놀리기도 했었다. 그 프랑스 친구는 일요일 아침마다 30분 정도 자전거를 타고 시내까지 나가 프랑스 제빵사가 만드는 빵집에서 크루아상을 사오곤 했었다. 어느 날 그 친구에게 "집 앞 큰길 빵집에도 크루아상을 파는 데 왜 그렇게 멀리까지 가는 거야?"라고 물었다가 "나래야, 제발 독일 빵집에서 파는 그것을 크루아상이라고 부르지 말아줘. 그건 그냥 크루아상의 모양을 흉내낸 빵일 뿐이야. 진정한 크루아상은 한 입을 베어 물었을 때 가운데가 비어 있어야 하고, 겹겹이 쌓인 빵 결이 느껴져야 하고, 밀가루 맛보다 버터 맛이 더 구수하게 입안에 퍼져야 한다고! 내가 이 동네 모든 독일 빵집을 갔지만 진정한 크루아상을 파는 곳을 찾을 수는 없었어. 일요일 하루만이라도 제대로 된 빵을 먹고 싶어."라며 프랑스 빵 예찬론을 펼쳐대는 통에 깔깔대고 웃었던 기억이 난다.

하지만 내 어리석었던 입맛과 달리 독일 빵은 맛과 품질 모든 면에서 세계적으로 인정받는 유명한 음식이다. 게다가 그 종류만 해도 3,000가지가 넘을 정도로 다양하다. 다만 프랑스나 일본 빵과는 달리 삼시 세끼를 책임지는 주식으로서의 기능이 훨씬 크다. 갓 지은 햅쌀밥에 간장과 참기름만 넣고 비벼 먹어도 밥 한 공기 뚝딱 해치울 수 있는 한국인처럼, 독일인들은 갓 구운 빵에 신선한 버터 하나만 있으면 한끼를 거뜬히 해치울 수 있다. 독일의 전통적인 빵들은 달달한 빵보다는 짭조름한 맛, 페이스트리 형태의 부드러운 형태보다 커다란 덩어리의 통밀이나 호밀 발효 빵이 많다. 독일 빵집에 들어갔을 때 가장 먼저 눈에 띄는 어두운 갈색의 커다란 덩어리 빵들을 보면 그 특징을 쉽게 알 수 있다. 어떤 것은 색만 다른 바게트 같고, 또 어떤 빵은 그걸로 한 대 치면 머리가 두 조각 날것처럼 단단해 보이기도 하며 그 옆의 빵은 참으로 투박한 시골 청년처럼 별다른 장식이나 화려한 토핑이 없이 단순해 보인다. 아무리 생각해도 큰 덩치에 말도 표정도 많지 않은 독일인을 똑 닮았다는 생각이 든다.

독일의 대표 빵은 밀빵이다. 밀로 만든 하얗고 동그란 브롯셴(Brötchen)을 아침 식사용이나 샌드위치용 빵으로 가장 많이 먹는다. 하지만 독일 사람들은 흰색 빵보다는 색이 짙고 포만감이 높은 통호밀빵이나 곡물빵을 선호한다. 설탕이나 버터가 많이 들어가는 페이스트리, 머핀 같은 외국 빵과는 반대로 설탕이나 기름을 거의 넣지 않고 곡물, 소금, 물이라는 기본 재료에 집중하여 재료 맛을 온전히 느끼게 해준다. 이렇다 보니 요즘은 독일

빵이 건강 빵으로 인식되어 세계적으로 조금씩 인기가 높아지고 있다. 그 중 폴콘브롯(Vollkornbrot)은 최고의 건강 빵이다. 정제되지 않은 밀의 함유량이 90% 정도로 높고 기호에 따라 다양한 견과류나 씨앗을 추가한 뒤 발효시켜 굽는 빵이라 한 조각을 먹어도 포만감이 크고 또한 오래 지속된다. 씹는 맛이 거칠고 발효 빵 특유의 신맛 때문에 처음에는 거부감을 느끼는 사람들도 있지만 부드러운 버터를 바른 뒤 신선한 치즈 한 장만 올려 먹어도 풍부한 에너지와 영양을 공급받을 수 있어 간단한 점심 도시락이나 피크닉 음식으로 손색이 없다.

내가 출근길에 가장 좋아하는 빵은 버터 브레첼(Bretzel)이었다. 거의 3년이 가까운 시간 동안 아침 식사로 매일 이 빵을 먹었는데, 단 한번도 질린다고 생각한 적이 없을 정도로 고소하고 짭짤한 맛에 빠져버렸다. 3년 이후에 더 먹지 못한 것은 내 의지가 아니라 독일 북쪽 지방으로 이사가면서 그 빵을 근처에서 찾기 어려워졌기 때문이다. 브레첼은 바이에른 지역에서 흔하고 유명한 빵이라 어느 빵집을 가도 버터 브레첼이 있었다. 하지만 에센이나 도르트문트에서는 그냥 브레첼은 있어도 버터가 잔뜩 발린 브레첼은 중앙역에 있는 프랜차이즈 빵집이나 가야 구할 수 있는 귀한 놈이었다.

대왕 브레첼

라우겐(Laugen)빵

브레첼을 살 때 유의해야 할 것은 브레첼 위에 뿌려진 소금이다. 어떤 빵집은 브레첼 위에 굵은 소금이 왕창 뿌려져 있고 또 어떤 곳에서는 소금이 거의 뿌려져 있지 않다. 많이 뿌려진 경우엔, 어찌나 소금이 많이 뿌려져 있는지 나 같은 외국인들은 브레첼을 받자 마자 소금을 손으로 떼어 내느라 열심이다. 하지만 웬만한 독일인들은 아무렇지 않은 듯 금세 다 먹어버리는 것을 보면 놀랄 수밖에 없다. 종종 맥주 축제나 크리스마스 마켓처럼 행사가 열리는 곳에서 판매되는 브레첼은 엄청난 대왕 사이즈를 자랑한다. 저렇게 큰 브레첼을 어떻게 다 먹나 싶지만 커다란 맥주 한 잔을 시켜놓고 야금야금 뜯어 먹다 보면 어느덧 브레첼이 없어지는 신기한 상황을 경험할 수 있다. 맥주와 브레첼은 맥주와 소시지에 버금가는 환상 궁합을 자랑한다.

브레첼은 라우겐(Laugen)이라는 빵 종류에 속한다. 독일, 오스트리아, 스위스 등 독일권 국가에서 흔하게 먹는 빵이기도 하다. 라우겐은 우리말로 '소다수'라는 뜻으로 반죽을 소다수에 담근 뒤 꺼내 굽는 특성 때문에 이렇게 불린다. 높은 알칼리성의 라우겐이 코팅된 반죽에 열을 가하면 겉은 갈색으로 바삭하게 속은 촉촉하고 쫄깃쫄깃하게 구워진다. 그리고 반죽을 빚은 모양에 따라 다양한 빵이 생겨난다. 앞서 말한 브레첼을 제외하면 긴 방망이 모양의 라우겐슈탕에(Laugenstange), 작고 동그란 모양의 라우겐브 롯셴(Laugenbrötchen)이 있다. 그리고 여러 겹의 도우를 겹겹이 쌓은 크루아상 에 라우겐을 입혀 구운 라우겐크루아상(Laugencroissant), 세모난 페이스트리 모 양처럼 만든 라우겐에케(Laugenecke)도 흔히 볼 수 있다. 이 중 버터 브레첼 이 후 두 번째로 중독되어 2년을 버티게 해 준 것은 바로 라우겐에케였다. 빵 집 아주머니의 추천으로 접한 빵이었는데 한 입 맛본 순간부터 신세계를 맛본 것 같았다. 마치 크루아상과 버터 브레첼이 결혼해 탄생시킨 자식이라 고 할 정도로, 두 빵의 장점만 쏙 담아낸 맛이었다. 결에 따라 얇게 찢어지 는 빵의 속은 부드러우면서 쫄깃했고, 갈색으로 잘 구워진 겉 부분은 씹는 맛을 주면서 고소했다. 독일에 가면 꼭 한 번 먹어보기를 추천하는 빵이다.

독일도 우리나라 못지않게 많은 빵집이 체인화 되었다. 그에 따라 예 전처럼 그 지역에서 오랫동안 지내온 터줏대감 제빵사가 전통적으로 선조

에게 물려받은 제빵 기술로 빵을 구워 주민들에게 판매하는 소규모 동네 빵집은 기하급수적으로 줄었다. 그에 반해 냉동 상태로 아침마다 배송되는 빵을 구워 판매하는 프랜차이즈 빵집과 공장에서 만든 완제품을 덤핑 가격에 판매하는 슈퍼마켓이 그 빈자리를 차지하고 있다. 제빵사의 일이 워낙 체력적으로 힘들어 이를 직업으로 선택하려는 젊은이들도 줄어들뿐더러, 대다수의 프랜차이즈 제빵의 경우 매뉴얼 대로 빵을 구워 판매하는 사람만 필요한 탓에 독일 전통 빵을 지속적으로 연구하고, 또 새로운 빵을 개발하는 제빵 장인이 점점 줄어드는 것이 또 다른 사회적 고민으로 부각되고 있다. 독일의 우수한 빵을 지켜나가기 위한 노력의 하나로 독일 유네스코 위원회는 2014년에 독일의 빵 문화를 무형 문화재로 등록하고 1만 2천 개의 빵집을 제빵 장인으로 인정했다. 그리고 다양한 빵집에서 일반 소비자들을 상대로 전통 빵을 만드는 워크숍을 열고, 유튜브 같은 새로운 채널로 빵 굽는 기술을 공유하며 또한 제빵 장인을 양성하는 교육, 실습 과정을 강화하며 빵 지키기에 열성을 다하고 있다.

베를리너(Berliner) 아니면 크라펜(Krapfen)?
내겐 그저 도넛

베를리너(Berliner)는 독일인들이 즐겨먹는 디저트용 빵 중 가장 보편적인 것이다. 한눈에 보면 딱 미국의 도넛 체인점에서 쉽게 보는 도넛 모양이다. 동그랗게 튀긴 빵 사이에 과일 잼을 채워 넣고 겉에 하얀 파우더 설탕을 가득 입힌 그 녀석 말이다. 프랑크푸르트에 도착한 지 얼마 되지 않아 독일어로 된 음식 이름이 입에 잘 붙지 않았을 때 이 빵을 먹고 싶을 때마다 "있잖아 그 독일 도넛"이라고 했다가 여러차례 친구의 원성을 사곤 했었다. 나는 "도넛이라니! 도넛은 미국 빵이고, 베를리너랑 완전 다르다고! 네가 말하는 건 '베를리너'야."라고 혼쭐이 났다. 아무리 봐도 이름만 다를 뿐 도넛인데, 독일인들에게 베를리너는 미국의 도넛과는 차원이 다른 독일 전통 페이스트리로 생각하는 것 같다. 그들에게 도넛은 안에 잼이 없고, 가운데 구멍이 뻥 뚫리고 겉에 설탕 시럽이 번지르하게 발린 것이다.

베를리너라는 이름이 익숙해 질쯤 뮌헨으로 이사를 갔다. 첫 입사 날 동료들과 함께 나누어 먹으려고 베를리너를 사러 빵집에 갔는데 이게 웬일, 빵 이름표에 베를리너가 아니라 크라펜(Krapfen)이라고 적혀 있는 것이었다. 알고 보니 중북부 지역에서는 베를리너, 남부 지역과 오스트리아 같은 인근 독일어권 국가에서는 이 빵을 크라펜이라고 부른다. 이름이 뭐 그렇게 중요할까 싶지만, 프랑크푸르트 출신의 친구가 옥토버페스트 구경 차 뮌헨에 왔을 때 빵집에 가 "베를리너 다섯 개 주세요"라고 주문했더니 아주머니가 "그게 뭔데?"라고 물으며 모른 척을 한 적이 있다. 친구는 그제서야 진열대에 써 있는 이름을 보고 "크라펜이요"라고 정정했고 그제서야 아주머니는

알았다는 듯, "아하, 크랍펜 다섯 개~"라
며 만족스러운 얼굴로 그 '크랍펜'을 주었
다. 이 친구는 빵집에서 나서자마자 '베를
리너가 표준 이름인데 무식한 빵집 아줌마
가 알면서도 못 알아 들은 척을 했다'며 '이
래서 뮌헨 사람은 자존심만 높은 밥맛 없
는 사람들'이라며 잠시 역정을 낸 적이 있
다. 그 이후로 나는 그 친구를 만날 때마다
크랍펜이나 도넛을 먹자고 놀려대곤 했다.

베를리너(Berliner)

　　베를리너는 여느 빵집에서 쉽게 구할
수 있지만 가장 많이 팔리는 때는 카니발 기간이다. 한 입 베어 물면 입 양
쪽에 설탕과 소스가 잔뜩 묻는 탓에 우습게 보여도 괜찮은 카니발에 잘 어
울려서인지도 모르겠다. 그래서인지 이 축제 기간에는 거리에서 커다랗고
투명한 컨테이너를 목에 걸고 그 안에 든 베를리너를 파는 거리 상인도 종
종 볼 수 있다. 이 장사꾼들을 볼 때마다 아주 어렸을 때 큰 나무 쟁반 같은
것에 하얀 찹쌀떡을 가득 담아 목에 걸고 "찹쌀~떡"을 외치며 돌아다니던
한국의 아저씨들이 떠오른다. 이러한 베를리너의 가장 흔한 필링은 사과,
복숭아, 딸기 잼인데 최근에는 커스터드 크림, 크림치즈, 악마의 유혹 누텔
라 크림 등 20가지가 넘는 다양한 베를리너를 파는 전문점도 생겨 인기를
끌고 있다. 어떤 식당에서는 따뜻한 베를리너에 차가운 바닐라 아이스크림
을 토핑으로 얹어낸 디저트를 제공하기도 한다. 빵에 아이스크림은 누가
만들어도 실패할 수 없는 조합인데, 따뜻하고 폭신한 베를리너와의 궁합은
칼로리 폭탄을 무시하고 마구 흡입하고 싶은 사랑스런 단맛을 자랑한다.

이전에 독일인의 아이스크림 사랑을 찬양했는데, 생각해보니 아이스크림만큼이나 독일인의 일상에서 빼놓을 수 없는 디저트가 또 있다. 바로 케이크다. 춥고 비 오는 날이 아주 많은 독일에서 도대체 사람들은 주말에 무엇을 하고 놀까 궁금하다면 카페를 가보면 된다. 날씨가 좋지 않은 일요일에는 달달한 디저트를 섭취해야 우울증에 빠지지 않으므로 케이크를 먹어줘야 하고, 날씨가 좋은 날에는 야외 테이블에 앉아 따뜻한 햇빛을 만끽하며 달콤한 케이크를 혀로 맛봐 주어야 한다고 생각하는 것 같다. 이처럼 독일인은 특별한 날에는 예쁜 케이크를 사람들과 맛있게 나누어 먹으며 특별함을 기념하고, 평범한 날도 케이크 한 조각과 커피 한 잔으로 스스로를 격려하며 특별하게 마무리해야 한다. 이 정도는 되어야 케이크를 사랑하는 진정한 독일인의 자세라 할 수 있다.

　　대부분의 독일인들은 적어도 하나 정도 자신이 구울 줄 아는 케이크 레시피가 꼭 있다. 다른 사람 집에 식사 초대를 받았을 때, 또는 생일이나 입사같이 특별한 날을 축하할 때 한 판의 케이크를 빵집에서 사 오기보다 직접 구워 와 나누는 문화를 갖고 있기 때문이다. 참고로 독일은 특이하게 생일 주인공을 위해 다른 사람이 케이크를 준비하지 않고, 당사자가 친구들이나 동료들과 나누어 먹기 위해 케이크를 직접 구워 와 대접한다. 그래서 직원 수가 많은 회사에 다니면 케이크를 아주 자주 먹을 수 있어 무척 행복하다. 생일 케이크를 직접 굽는다는 것이 왠지 어색하지만 '오늘 내 생일이니 나와 함께 케이크를 먹으면서 축하해 주겠니?'라는 따뜻한 의미가 담겨 있다. 내 생일을 말하지 않아도 알아서 챙겨주길 기대하는 우리나라와는 많이 다른 것 같다. 물론 난 여태껏 케이크를 한 번도 성공적으로 굽지 못해 늘 며칠 전 빵집에 케이크를 주문해 놓은 뒤 사가곤 했었다.

　　독일 케이크라고 하면 바움쿠헨(Baumkuchen)을 빼놓을 수 없다. 나무 나이테를 닮은 특이한 모양과 몇 백 겹을 켜켜이 쌓아 올리는 까다로운 방법으로 유명한 이 케이크는 크리스마스에 남부 지역에서 많이 먹는다. 몇 년 전 이태원의 한 유명 빵집에서 이 바움쿠헨을 판다는 소식에 한 걸음에 달려가 두 개를 샀는데 사실 맛보다는 작은 크기에 비해 무척 비싼 가격에 놀랐었다. 손바닥만한 케이크 하나가 3만 원에 육박했으니 말이다. 독일에서 똑같이 손바닥만한 크기의 케이크가 우리 돈으로 고작 4~5천 원밖에 하지 않는 것을 생각하면, 이태원 빵집에 조금 배신감이 든다. 하지만 독일에서도 바움쿠헨은 일반 빵집이나 콘디토라이(Konditorei, 제과점)에서는 무척 만나보기가 어렵다. 특히 바움쿠헨의 본고장인 바이에른 주를 벗어나면 인터넷으로 검색해서 빵집을 찾지 않는 한 일반적으로는 구하기가 하늘의 별따기다. 만드는 방법이나 시간이 워낙 까다롭기 때문이란다. 오히려 슈퍼마켓에서 포장된 케이크로 훨씬 더 쉽게 볼 수 있다.

크림 케이크를 좋아하는 사람이라면 독일에서 가장 사랑 받는 케이크, 슈바츠밸더 키르쉬토르테(Schwarzwälder Kirschtorte)를 꼭 먹어야 한다. 슈바츠밸더는 독일 남서부 지역에 있는 블랙 포레스트를 의미하고 키르쉬토르테는 체리 타르트를 말한다. 겹겹이 쌓인 초콜릿 케이크 빵의 색이 블랙 포레스트와 닮아 붙여진 이름이다. 기본적으로 얇은 초콜릿 케이크 빵 위에 잘 조려진 통 체리를 가득 올린 뒤 두터운 휘핑크림과 초콜릿 칩을 잔뜩 뿌려 완성한다. 빵-체리-크림으로 이루어진 조합을 2단, 3단으로 쌓아 만들기도 한다. 가끔 어떤 콘디토라이에서는 이 케이크 옆에 '알코올 있음', '알코올 없음'이라는 말이 적혀 있기도 한데, 이는 오스트리아에서는 이 케이크에 럼

을 넣어 만들기도 하기 때문이다. 알코올이 있는 케이크를 먹으면 술이 든 초콜릿을 먹을 때처럼 럼의 향이 입안에 슬며시 퍼지는 맛이 있어 새롭다.

소보로빵과 똑 닮은 케이크도 있다. 가끔 한국식 빵을 먹고 싶을 때 즐겨 먹었던 것으로 그 이름은 슈트로이젤쿠헨(Streuselkuchen)이다. 슈트로이젤이 바로 소보로빵 위에 있는 소보로 토핑을 의미한다. 이 소보로는 설탕, 밀가루, 버터를 섞어 비벼 만든다. 빵은 이스트 반죽으로 만들어 촉촉하고 쫀득한 식감을 준다. 슈트로이젤쿠헨은 언제나 네모난 케이크 틀에 넣어 구워져 나온다. 슈트로이젤쿠헨의 빵과 소보로 사이에 체리나 딸기 같은 절인 과일을 추가하여 굽기도 한다. 맘모스 빵처럼 말이다. 몸에 나쁜 것은 다 들어간 것 같지만, 빵 위에 덕지덕지 붙어있는 슈트로이젤을 손으로 떼어 먹는 재미에 빠지면 그 맛에서 헤어나오기 힘들다.

크림 케이크와 크림이 없는 케이크를 빼면 남는 것은 파이류 케이크이다. 독일에 있는 모든 콘디토라이나 카페에서 판다고 해도 과장이 아닌 압펠쿠헨(Apfelkuchen, 사과 케이크)이 대표적인 과일 파이이다. 압펠쿠헨 종류는 지역에 따라 그리고 케이크 가게에 따라 아주 다양하다. 타르트 시트위에 사과를 으깨 잼처럼 만들어 올리는 것도 있고, 페이스트리 파이지 안에 굵게 썰어 넣은 사과를 졸여 넣은 뒤 돌돌 말아 굽는 압펠슈투르텔(Apfelstrudel)도 있다. 또한 카스텔라 같은 빵 위에 졸인 사과를 놓고 휘핑크림을 잔뜩 발라 완성하는 경우도 있다. 사과를 졸일 때에는 계피와 바닐라 시럽을 넣어 오븐에 구울 때에 풍미가 강해진다. 특별히 계피 향은 크리스마스와 잘 어울려 연말에는 자주 계피를 넣어 굽는다. 또한, 졸인 사과는 소화도 잘 되고 비타민도 풍부해 몸에 좋다는 독일 아주머니의 말에, 다른 케이크를 먹을 때보다 훨씬 더 적은 죄책감으로 커다란 조각을 해치우곤 했다. 따뜻하게 구워낸 사과 케이크 위에 휘핑크림과 바닐라 아이스크림을 한 수저 얹어 반 정도 녹았을 때 먹는 그 맛. 바로 이 맛이 독일에 오는 사람들에게 꼭 한 번 선보이고 싶은 케이크 맛이다.

슈네발(Schneeball)을 아는 한국인이 독일인보다 더 많다

약 7~8년 전쯤 되던 해에 서울에서 잠시 크게 붐을 일으켰던 독일 전통 간식이 있었다. 당시에 '망치로 부셔 먹는 독일 과자'라는 이름으로 명동에서 시작되어 여러 백화점까지 입점한 '슈네발(Schneeball)'이었다. 이 과자가 가장 유행했던 때 서울의 한 백화점에 매장에서 팔린 양이 하루 3,000개에 육박했단다. 당시만 해도 독일에 대해 아는 것이 거의 없었던 탓에 '독일 로텐부르크의 크리스마스 전통 과자'라는 광고 문구 하나만으로도 큰 호기심이 생겼다. 빵 조각이 얼기설기하게 붙어 공 모양처럼 보이는 이 과자를 가게에서 주는 작은 모형 망치로 깨부순 뒤 손으로 집어 먹어야 한다는 그 깜찍한 매뉴얼에 '독일 사람들은 과자도 참 희한하게 먹는구나'라고 순진하게 믿었던 것 같다. 그리고 실제로 맛본 값비싼 슈네발은 상상처럼 맛있지도 않았고, 먹는 방법도 조잡해 딱 한 번의 구매 후 이별을 했다. 다른 한국 소비자들도 나와 비슷한 생각이었던 것 같다. 결국 슈네발은 1년 만에 그 화려한 인기를 마감하고 최근에는 어디서도 찾기 어려운 과자가 되었다.

슈네발 덕분에 로텐부르크는 어느덧 한국인들에게 무척 인기 있는 독일의 소도시가 되었다. 동화책에 나올 것처럼 아기자기한 마을의 모습, 알록달록한 슈네발을 파는 작은 상점, 그곳에서 산 슈네발을 커다란 종이 쇼핑백에 담아 가슴에 꼭 안고 나오는 독일의 여인과 어린아이, 그리고 아름다운 크리스마스 장식까지. 이 모두가 유럽에 대한 환상을 심어주기에 충분한 마을 이미지였다. 나 역시 독일에 온 뒤 꼭 한번 방문해 보고 싶다는 생각이 들었다. 그래서 주변 친구들에게 로텐부르크를 가자고 졸라댔다. 친구들의 반응은 한결 같았다. "도대체 로텐부르크를 왜 가고 싶은 거야? 거기에 뭐가 있는데?"라고 묻는 것이었다. 그래서 설명했다. "로텐부르크는 도시경관도 엄청 예쁘고, 슈네발이라는 전통 과자도 굉장히 유명하잖아! 뮌헨에서는 슈네발 본 적이 한 번도 없어서, 한국에서 먹었던 거랑 정말 똑같은지 먹어보고 싶어." 그러자 친구들은 모두 금시초문의 이야기라는 듯 황당한 얼굴로 자기들끼리 슈네발이 뭔지 아냐고 묻는 것이었다. 10분 간의 논쟁과 나의 적극적인 설명 끝에 "아~"하는 탄성과 함께 이제야 알겠다는 듯 고개를 끄덕이던 친구들은 말했다. "우리 중에 외국인이 한 명 있으니까 우리도 몰랐던 것을 진짜 많이 알게 되는구나. 슈네발 같은 과자가 한국에서 그렇게 유명했을 거라고는 진짜 상상도 못했어! 독일 사람 중 슈네발이 뭔지 아는 사람은 10명 중에 한 명밖에 되지 않을 걸? 그리고 나도 평생 그 과자를 파는 곳을 본 적이 없어. 게다가 망치로 부셔 먹는다는 건 사실이 아닌 것 같아. 안전을 세상 무엇보다 중요시 하는 독일 사람들이 어린 아이들에게 망치를 주며 과자를 때리라곤 하지 않을테니 말이야." 그 말 대로였다. 실제로 프랑크푸르트, 뮌헨, 에센, 함부르크, 베를린 등 대도시란 대도시는 다 다녀봤지만 슈네발을 찾을 수 있는 곳은 없었다. 우연히 들렀던 뷔어츠부르크와 로텐부르크에서 슈네발을 파는 상점을 어렵사리 발견할 수 있을 뿐이었다.

여담이지만 독일 사람들에게 로텐부르크라는 이 도시는 슈네발 과자보다 식인 살인 사건으로 훨씬 유명하다. 아르민 마이베스(Armin Meiwes)라는 컴퓨터 수리 기술자가 인터넷으로 자신의 희생양이 되고 싶은 사람을 모집했는데 그가 원한 것은 단순한 살인이 아니라 희생자의 성기를 함께 먹는 것이었다. 브란데스라는 정신 나간 신청자는 마이베스가 그의 성기를 자르도록 허락했고, 그 둘은 날성기를 먹으려다 실패 후 성기를 기름에 튀긴 후 개에게 주었다. 이후 마이베스는 결국 브란데스를 죽인 뒤 그의 인육을 이후 10달 동안 천천히 먹었다고 한다. 이런 상상하기 어려운 살인 사건이 이 도시에서 일어난 것이 고작 17년 전인 탓에 독일 사람들은 그 도시가 왜 여행객들에게 매력적인지 전혀 이해하지 못하는 모양이었다. 이 이야기를 전해들은 후 어쩐지 슈네발을 생각할 때면 맛있는 과자보다는 이 살인 이야기가 먼저 떠올라 식욕이 뚝 떨어졌다.

로텐부르크에서 직접 맛본 슈네발은 한국에서 팔던 것과 비슷했다. 다만, 좀 더 부드러웠다. 그리고 친구가 단언했듯, 과자를 깨먹으라고 망치를 주진 않았다. 이는 아무래도 한국에서 슈네발을 판매할 때 사람들의 흥미를 돋우기 위해 만들어 낸 대단한 마케팅 전략이 아니었을까? 슈네발의 맛은 어렸을 때 별사탕이 들어 있어 많이 사먹었던 과자를 조금 더 눅눅하게 만들어서 파우더 설탕을 입힌 맛이라 표현하면 정확할 것 같다. 그리고 슈네발이라는 이름은 한국말로 풀이하면 '눈 공'이라는 의미다. 과자의 모양이 마치 눈싸움을 할 때 만드는 공과 같아 붙여진 이름이라고 한다. 이 과자는 300년 전쯤 북쪽 바덴뷔템부르크에서 알려지기 시작해 과거 결혼식 같은 성대한 파티의 디저트 종류로 즐겨 먹던 과자였지만, 지금은 로텐부르크 지역에서만 판매하는 지역 특산품으로 그 명맥을 이어가고 있다.

마찌판(Marzipan)이 들어간
디저트

독일의 디저트를 이야기할 때 빠지지 않는 것이 마찌판(Marzipan)이다. 마찌판을 처음 먹은 것은 독일이 아니라 오스트리아 잘츠부르크였는데, 세계적으로 유명한 잘츠부르크의 모짜르트 초콜릿 안에 필링으로 들어있는 것이 바로 이 마찌판이다. 어떤 이들은 밤을 으깬 것 같다고도 하고 또 어떤 사람들은 밀가루를 설탕에 절여 만든 것이 아닐까 생각하기도 하는데, 마찌판의 주재료는 다름 아닌 아몬드 가루다. 마찌판은 아몬드 가루에 계란 흰자, 설탕을 버무려 만든다. 사람들은 이 마찌판을 초콜릿뿐 아니라 케이크, 비스킷, 전통 과자에 넣어 다양한 간식을 개발하기도 했다.

이러한 마찌판은 페르시아에서 제일 처음 생겼다고 알려져 있기도 하고 프랑스, 스페인, 이태리에서도 본인들이 마찌판의 기원이라 주장하기도 한다. 그중 흥미로운 설 하나는 마찌판이 처음 약사에 의해 치료 목적으로 개발된 레시피라는 것이다. 물론 무엇이 정확한 주장인지는 아무도 모른다. 현재는 이 모든 국가들을 제치고, 독일 북부 지역인 뤼벡(Lübeck)의 지역 특산품으로 가장 유명해졌다. 또한 다른 국가들 모두 뤼벡에서 개발된 레

베트맨센(Bethmännchen)

시피를 사용한다. 이곳에서 생산한 마찌판은 다른 것보다 아몬드 가루 함유량이 2/3정도로 훨씬 높은데다, 오래부터 전해진 레시피를 고수하고 있어 많은 이들에게 사랑 받고 있다.

프랑크푸르트에는 마찌판으로 만든 귀여운 특산품이 있다. 베트맨셴(Bethmännchen)이라고 불리는 이 과자는 특히 크리스마스 시즌에 많이 먹는다. 마찌판을 엄지 손톱만한 크기의 동그란 모양으로 돌돌 말아 놓고 껍질을 벗긴 통 아몬드를 세로로 반으로 자른 조각 세 개를 반죽 옆에 세워 붙여 낸 뒤 굽는다. 그러면 꼭 귀가 세 개 달린 생쥐 얼굴 같이 보인다. 이 과자의 이름은 베트만이라는 가족 성씨에서 유래되었다. 1838년에 시의원이자 은행가였던 바트만 가문의 지몬 모리츠(Simon Moritz)가 가족을 위해 만든 과자였다. 당시에는 지몬 모리츠의 네 아들을 기념하기 위해 반죽 옆에 4개의 아몬드 조각을 붙였는데, 1845년 막내 아들이 사망한 뒤 아몬드 조각을 3개로 줄인 모양이 오늘날까지 이어졌다. 그 유래를 알고 먹으니, 먹을 때마다 막내 아들의 빈자리가 느껴지는 것 같았다. 이런 마찌판은 본래 값이 비싸고, 유통기간이 길지 않아 최근에는 예전만큼 배트멘셴을 파는 콘디토라이가 많지 않다. 하지만 다행히 프랑크푸르트 시내에 있는 프라우엔카페(Frauencafe)나 알테스라트하우스(Altes Rathaus)라는 카페에서 전통 그대로의 베트맨셴을 구할 수 있어, 프랑크푸르트를 방문할 때면 꼭 개점 시간에 달려가 두 상자를 사오곤 했다. 하나둘 없어지는 베트맨셴 상자를 보고 있으면 내가 도대체 얼마나 많은 양의 아몬드를 먹는 것일까 무서운 마음이 들다가도, 쫀득한 아몬드 가루를 씹는 느낌에 매료되어 손을 멈출 수 없게되기도 했다. 그럴 때면 '옛날에는 마찌판이 약으로 쓰였다니까 뭐.'라며 자기 합리화로 하루를 마무리하곤 했다.

PART 3

Viel Spaß~

즐겁게 놀아요~

카니발을 손꼽아 기다리는
서독 사람들

1년 중 서독 사람들이 제일 부지런하고 활기 있는 때가 언제냐고 묻는다면 일말의 고민 없이 카니발 기간이라고 이야기할 것이다. 평소야 그저 개미처럼 일하고, 집으로 돌아가 맥주 한 잔 마시며 축구 게임을 보고 가족들과 시간을 보내는 '노잼 독일인'인데, 카니발 기간만 되면 흥분을 가라앉히지 못하는 모양이다. 스몰 토크도 별로 좋아하지 않는 독일 동료들이 한 달 내내 회사에서 나를 만날 때마다 "너는 어떤 카니발 의상 만들어?", "너도 카니발 기간에 쾰른 갈 거야?"라며 묻는 통에 같은 대답을 반복하느라 입이 아플 정도였다. 브라질에서만 유명한 줄 알았던 카니발이 독일에서 가장 큰 축제 중 하나인 것을 에센에 살면서부터 실감할 수 있었다.

카니발처럼 가면을 쓰고, 코스튬을 입는 행위는 중세 로마 시대보다 더 거슬러 올라가 그리스, 로마인들 때부터 있었다고 한다. 겨울의 악귀들을 쫓아내며 따뜻한 봄을 맞이하고 그해 풍년을 기리는 의미로 행하던 의식 같은 것이다. 독일 쾰른과 마인츠에서 열리는 카니발은 이후 중세 로마 제국 시절 이전에 있었던 의식 행사를 종교와 결합하여 탄생시킨 것에서 유래했다. 당시 카니발은 사람들로 하여금 세부적으로 체계화 되어 있던 계급 제도, 사회적, 경제적 지위가 주는 굴레에서 벗어나 파티를 즐길 수 있도록 하였다. 평범한 사람들이 왕이나 성직자, 정치인처럼 높은 신분의 인물들로 변장을 하고, 그들을 풍자하며 자신들의 불만이나 욕망을 표출했다.

오늘날 카니발은 매년 11월 11일, 11시 11분에 정확히 시작되어 렌트(Lent) 또는 파스트(Fast)라고 불리는 사순절 전 화요일에 끝이 난다. 시작하는 날짜가 어쩌다가 11이 반복되는 날, 시각이 되었는지에 대한 의문은 왜인지 잘 풀리지 않는다. 한동안 11월 11일이 세계 1차 대전이 끝난 날이라서 그런 것이라는 루머가 돌기도 했다. 다른 한편에서는 11이 바보 같은 숫자 혹은 허수로 간주되어 5번째 상상의 계절로 불리는 카니발과 의미가 일맥상통하기 때문이라고도 한다. 또 1+1이 평등을 상징하여 성별이나 나이, 계급과 상관없이 모두가 마음껏 즐길 수 있는 카니발의 사회적 의미를 대

표한다고 이야기 하기도 한다.

카니발은 독일 내에서 지역별로 조금씩 다르게 불린다. 쾰른이 포함된 라인란트(Rheinland)에서는 카네발(Karneval)이라고 불리는 반면 바이에른을 포함한 남부 지역과 베를린에서는 파싱(Fasching)이라고 부른다. 슈바비아(Swabia) 지역 사람들은 파스트나흐트(Fastnacht)라는 명칭을 쓴다. 이중 '카네발'의 어원은 라틴 말 'carne levare', 즉 '고기와의 작별'이라고 한다. 카니발 직후 시작되는 카톨릭 절식 기간에 고기를 먹지 않고 절식해야 하므로 붙여진 이름이다. '파싱'은 파스텐샹크(Fastenschank)라는 독일어에서 유래했다고 한다. 이는 사순절 전 마지막으로 제공되는 음료나 술을 의미한다. 그리고 '파스트나흐'는 본래 사순절 전날 밤을 뜻하지만 독일어 중 'Fastnacht'에서 'Fas'가 'fasen'이라는 구어, '바보 같고 거친'이 뜻하는 것처럼, 바보 같고 거칠게 행동해도 되는 밤으로 해석하기도 한다.

이처럼 카니발은 종교적 의미가 짙은 행사지만 독일인들에게 그런 기원이나 상징은 더이상 중요하지 않다. 종교가 없는 독일인도 훨씬 많고, 카톨릭이 아닌 사람도 많지만 개의치 않고 모두가 함께 즐기는 축제로 맞이하기 때문이다. 카니발이 어떻게 시작된 건지 설명하지 못하는 젊은이들도 무척 많을 테다. 젊은 사람들에게 카니발이 어떤 의미가 있는지 물으면 농담 반 진담 반으로 "맥주를 엄청나게 마시기 위한 또 하나의 구실이지 뭐!"라고 이야기한다. 그렇다. 카니발 행사가 열리는 주의 주말부터 당일까지, 번화가뿐만 아니라 동네 작은 술집도 모두 문전성시를 이룰 정도로 많은 사람들이 광적으로 맥주를 마신다. 옥토버페스트가 텐트 밖으로 나왔다고 하면 적당한 표현일 것 같다. 그렇기에 이날 대중교통을 이용하면 이미

술에 만취되어 있는 독일 사람들에 놀랄 수 있다. 길을 걷다 잠깐만 고개를 돌리면 길거리에서 노상방뇨를 하는 남자들은 물론 큰 소리로 노래를 부르고 '프로스트!'를 외치는 중년들도 많다. 그런 모습을 보고 있으면, 코스튬도 입지 않고 술 한잔 마시지 않은 내가 오히려 부끄러운 꼴이 되어 버린다. 나 혼자서 다른 세상에 와 있는 것만 같아서, 미친 척 하고 하회탈이라도 하나 써주어야 마음이 편해질 것 같달까?

특히 쾰른 사람들에게 카니발은 단순한 거리 축제가 아니라, 쾰르너로서 열심히 준비해야 하고 또 열심히 즐겨야 하는 전통이자 문화이자 삶의 일부이다. 카니발 시즌이 쾰른에서 '5번째 계절'로 불리는 것만 봐도 알 수 있다. 쾰른에서는 카니발이 시작되는 11월부터 끝나는 2월까지 다양한 카니발 행사와 퍼레이드가 열리고, 사람들은 이를 준비하느라 분주하다. 카니발 행사 중, 우리에게 가장 알려진 최대의 퍼레이드는 카니발이 끝나는 주의 일요일이나 로젠몬탁(Rosenmontag)이라 불리는 월요일에 열린다. 그리고 그중 쾰른에서 열리는 퍼레이드가 독일에서 가장 큰 규모이다. 이날은 국가가 지정한 공휴일은 아니지만 해당 주에 있는 대부분의 회사에서 자체적으로 임시 휴일을 지정하여 직원들이 축제를 즐길 수 있도록 허락한다. 사실 휴일을 주지 않는다면 아마 절반 이상의 직원이 모두 휴가를 쓰거나 회사에 나와서 일은 안하고 카니발 이야기만 할 테니 쿨하게 휴일을 주는 것이 낫다.

11월 11일에는 카니발 개막 행사가 열린다. 쾰른 카니발에서 가장 중요한 것은 쾰르너 드라이게스티른(Das Kölner Dreigestirn)이라 불리는 세 명의 상징적 인물(카니발 왕자, 일꾼 그리고 처녀)로 분장한 남성 대표들의 행진이다. 남자

가 처녀로 분장을 한다니 왠지 손발이 오그라들지만 대표로 뽑힌 남자는
사뭇 진지한 태도로 얼굴과 다리털을 완전히 밀고 곱게 화장을 하여 본연
의 역할에 최선을 다한다. 조금 우습게 들리지만 이 세 명의 대표자로 선정
되는 것이 워낙 명예로운 일이라 매우 까다로운 절차를 거쳐야 한다. 5년이
넘는 시간을 대기자 명단에서 기다려야 한다고 할 정도다. 그리고 이날에
는 예켄(Jecken)이라고 불리는 바보 가면을 쓴 사람들이 커다란 머스터트 냄
비에서 나와 공연을 펼친다. 그 모습이 하회탈을 쓰고 정치인을 풍자했던
하회별신굿 탈놀이와 아주 닮았다. 국가를 불문하고 옛날에는 자신을 숨기
고 지배자들을 비판하고 풍자하는 의식이 있었나 보다. 또, 어떤 시장들은
종종 본인이 근무하는 시청 발코니에 나와 풍자극에 화답하기도 한다고
한다.

여성들을 위한 카니발 행사도 있다. 라인란드(Rheinland)지역에서 카니

발이 끝나기 전 마지막 목요일에 열리는 바이버파스트나흐트(Weiberfastnacht)
가 바로 그 것이다. 라인란드에서 시작되었지만 바이에른 등의 타 지역에
서도 여성들만을 위한 카니발 행사가 조금씩 생겨나고 있다. 이날은 가지
각색의 마녀 분장을 한 여자들이 모두 도시에 나와 술을 마시고 노래를 부
르며 자신의 욕망을 마음껏 표현한다. 이처럼 중세 시대에도 상류층 부인
들이 가족이나 사회의 눈치보지 않고 술을 마시고 즐기도록 허락되던 관
습이 있었다고 한다. 그리고 그 이후, 19세기 보이엘이라는 서독의 한 작은
마을에 살던 세탁부 여성들이 오늘날의 바이버파스트나흐트를 다시 탄생
시켰다. 이들은 당시 하루 16시간을 일하면서 고위층 남자들의 옷을 세탁
하는 것도 모자라 집에 돌아와서는 카니발에 간다고 잔뜩 들떠있는 남편
들의 옷까지 모두 깨끗이 세탁한 뒤, 정작 자신들은 남편이 놀고 있는 동
안 집에서 집안일을 하고 아이들을 돌보느라 하루 종일 진땀을 흘려야 했
다. 이런 스트레스를 해소하기 위해 같은 일을 하는 세탁부 여자들이 한
술집에 모여 남편들을 흉보고 술을 마시며 나름의 파티를 연 것이 그 시발
점이었다. 그들은 곧 보이엘 여성 위원회를 만들어 시청에 여성들을 위한
자유의 날을 달라고 요구했고, 이것이 라인란드 전 지역으로 빠르게 퍼져
나갔다.

이 행사의 가장 큰 재미는 바로 남성의 권위, 여성의 순종적인 역할에
반기를 드는 상징적 행위로 지나가는 남성들의 넥타이를 자르는 것이다.
이날 행사 장소를 지나는 남성이라면 절대 본인이 아끼는 넥타이나 값 비
싼 넥타이를 매고 싶지 않을 것이다. 물론, 공짜로 함부로 남의 물건을 훼
손할 마녀들이 아니다. 넥타이를 싹둑 자르는 대신 보답으로 가벼운 뽀뽀
를 선물한다. 물론 남자들이 동의하지 않으면 아무리 제멋대로인 행사라

도 이런 행위를 할 수는 없지만 다행히 매력적인 마녀들의 뽀뽀를 거부하는 사람은 많지 않다. 종종 장난이 심해 볼에다 뽀뽀를 하려는 마녀를 속이고 입술에 뽀뽀를 받는 남자들도 있다. 이 날은 넥타이를 자르는 것뿐 아니라 지나가는 남자들을 붙잡고 엉덩이를 만지거나 함께 술을 마시자며 적극적으로 자신의 욕망을 표출하는 참가자들도 있다. 여성들의 목소리가 커지고, 성희롱이 남녀불문하고 사회적 문제로 많이 부각되는 오늘날에도 이런 전통을 이어가야 하는 것이 맞는지를 두고 비판하는 사람들도 있지만 적어도 보이엘과 쾰른의 바이버파스트나흐트는 오래도록 없어지지 않는 여성들의 축제로 남을 것 같다.

카니발 퍼레이드에 참여하기 위해 몇 주간 고심하고 의상을 만드는 독일인들을 보면, 그 진지함과 열성에 감동까지 받게 된다. 작년에 입었던 것은 안되고, 의미나 메시지가 있어야 하며, 사람들의 이목을 끌 수 있어야 하고 또 가능하면 어쨌든 내 의상이 최고여야 하는 것이다. 아마추어 외국인들이야 코스튬을 만드는 것이 번거롭고 쉽지 않아 코스튬 가게나 온라인 샵에서 완제품을 사기도 하지만, 대부분의 독일인들은 의상과 소품을 모두 직접 만들거나 기본만 산 뒤 리폼을 한다. 자녀가 있는 경우 자녀의 의상까지 완벽하게 제작해야 하니 10월과 1월 한 달은 의상 만들기에 여념이 없다. 2018년 로젠몬탁에 열린 퍼레이드에서 인상에 남는 코스튬 중에는 트럼프와 김정은이 큰 핵무기 버튼을 손에 쥐고 걸어가는 모습, 불이 나고 있는 갤럭시 휴대폰, 캡틴 아메리카로 완벽 분장한 근육질 남자, 남자 성기 모양으로 변신한 여자, 켄타우로스와 똑같은 모습으로 열심히 앞을 향해 달려가는 사람 등이 있었다. 그리고 딸기로 변신한 가족이 있었는데, 그중 세 살 정도로 보이는 딸아이는 아마도 그 딸기 코스튬이 너무나 싫었는지 행진하는 내내 '딸기 싫어!'라며 울면서 행진하고 있었다. 그 모습이 너무나 귀여웠다.

동화책 같은 독일의 모습
- 크리스마스 마켓

독일에 처음 발을 붙인 날은 12월 9일이었다. 아는 사람도, 집도 없이 에어비앤비 숙소 하나만 예약해 트렁크 두 개만 끌고 왔던 독일은 내가 예상한 것보다도 훨씬 쓸쓸하고 어두웠다. 게다가 많은 사람들이 휴가를 가거나, 사랑하는 사람들과 함께 보내는 12월에 어디를 가자니 조금 더 외로운 마음이 들어 '조금 더 미루었다가 1월에 올 걸.' 하고 후회했던 기억이 있다. 이렇게 착잡한 마음을 조금이나마 위로해 준 것, '그래 이런 것이 바로 내가 사진으로 봤던 독일의 아름다운 모습이지'라고 생각하게 해 준 것은 다름아닌 크리스마스 마켓이었다.

크리스마스 마켓이 열리는 즈음에 슈퍼마켓이나 상점에는 아드반트 캘린더(Adventskalender)라는 달력이 진열 된다. 12월 1일부터 크리스마스까지 매일 하나씩 그 날짜의 숫자를 열어 그 안에 들어있는 선물을 받는 것이다. 가장 흔한 것은 각 날짜마다 다른 초콜릿이 들어있는 초콜릿 달력이다. 독일 유명 초콜릿 브랜드인 킨더 초콜릿이나 리터 초콜릿 같은 브랜드 사에서 엄청나게 많은 종류의 아드반트 캘린더를 만들어 판매한다. 독일에서는 어린아이부터 할아버지 할머니까지 사랑하는 사람들에게 이 캘린더를 사주고 12월의 하루하루를 특별하게 장식한다. 처음으로 함께 사는 친구에게 이 아드반트 캘린더를 받고서야 '아 이제 정말, 조금만 있으면 크리스마스

구나' 하는 것을 실감했던 것 같다. 독일에서 처음 맞는 크리스마스, 누구라도 함께 할 사람이 있었으면 좋겠다는 간절한 마음과 함께.

크리스마스 마켓은 크리스마스 4주 전부터 독일의 모든 도시에서 열린다. 이 마켓이 열리지 않는 도시는 없다. 아마 그렇다면 그 마을에는 폭동이 일어날지도 모른다. 그만큼 독일인들에게 아주 중요한 문화이다. 해만 지면 갈 곳도 사람도 없는 독일에서 이 한 달 동안은 아름다운 불빛이 온 거리를 환하게 비추고 '그동안 어디에 숨어 있었던 건가요'라고 묻고 싶게 만들 만큼 많은 사람들이 나와 재잘재잘 목소리를 들려준다. 그래서인지 특별히 할 것이 없더라도 집에 가기 전 꼭 한 번 마켓에 들르고 싶어 진다. 매일 다른 가게에 가서 따뜻한 와인을 마시고, 군밤을 먹고, 돌아오는 길에 와플 하나 사 먹고 거리를 걸으면, 그 한 해 독일에 품었던 서러운 감정들이 눈 씻듯 사라지는 것처럼 위로가 된다.

신성 로마 제국 시절 알브레히트 황제가 상점 주인들에게 작은 마을 사람들이 추운 겨울을 잘 버틸 수 있도록 필요한 음식과 생활용품을 하루 이틀 거리의 장에서 판매하도록 허락했는데, 이후 상인들이 아닌 일반 사람들도 본인들이 직접 만든 바구니, 빵, 쿠키 등을 직접 판매하면서 시장은 조금씩 확대되었다. 이렇게 겨울 시장으로 시작된 마켓이 크리스마스 마켓으로 발전한 것이다. 1300년대 뮌헨, 바우첸, 프랑크푸르트에서 오늘날의 크리스마스 마켓과 유사한 시장이 열렸지만 크리스마스 마켓이라는 이름으로 열린 첫 번째 시장은 1434년 드레스덴의 슈트릿젤마크트(Strietzelmarkt)이다.

크리스마스 마켓에서는 거리 전체에 나무로 만든 작은 상점들이 줄지어 아름다운 조명등을 달고 저마다 다른 물품들을 판다. 크리스마스 쿠키나 케이크는 물론이고 정성스럽게 짠 니트 옷가지, 가죽 공예 상품, 액세서리, 유리 조각상, 와인, 초콜릿, 나무로 만든 장식품과 부엌용품, 각종 크리스마스 장식용품까지. 그 수도 너무 많아 한곳 한곳 상점을 구경하기만 해도 한두 시간이 훌쩍 지나간다. 조금 규모가 큰 도시에서 열리는 마켓에는 겨울 국민 스포츠라 할 수 있는 아이스 스케이트장이 설치되고 또 한편에는 로맨스의 최고봉이라 할 수 있는 회전 목마와 관람 열차가 마련된다. 물론, 하이라이트는 대형 크리스마스 트리다. 눈이 오고 나면 이 모든 것의 아름다움은 배가 된다. 그래서 이 기간에는 아무리 추워도 양말과 옷을 몇 겹씩 껴입고 집 밖을 나서고 싶어 진다.

독일 밖에서 가장 유명한 독일 크리스마스 마켓은 아무래도 뉘른베르크의 크리스트킨들스마르크트(Christkindlesmarkt)일 것 같다. 마켓 이름이 상징하는 것처럼, 크리스마스의 시작을 알리는 크리스트킨드(Christkind) 덕분이다. 긴 금발 머리에, 하얀색 원피스를 입고, 금색 망토와 왕관을 쓴 모습의 이 소녀는, 크리스마스 마켓이 열리는 마켓 스퀘어에서 자신을 기다리는 수천 명의 사람들 앞에 서서 우아하게 페스티브 프롤로그를 낭송한다. 크리스트킨드는 꼭 천사의 모습을 묘사한 것 같다. 이런 천사의 모습 같은 소녀가 되기 위한 경쟁도 만만치 않다. 2년마다 모집하는 크리스트킨드 지원자 자격은 반드시 뉘른베르크에서 태어나거나 오랫동안 살았던 주민이어야 하고, 나이는 16살 이상 19살 이하여야 하며, 적어도 160cm 이상이어야 하고, 어떤 악천후 속에서도 불평 없이 일할 수 있는 봉사심을 가져야 한다. 1차로 선정된 12명의 후보 프로필 사진이 뉘른베르크 지역 신문과 인터넷에 업로드 되면, 사람들이 직접 가장 마음에 드는 후보에 투표를 하여 그 결과대로 또 6명의 후보를 추린다. 이 6명은 다시 여러 전문가들 앞에서 면접과 테스트를 거쳐야 하고 그렇게 선정된 한 명의 소녀가 2년 동안 크리스트킨드로 활동하는 명예를 부여받게 된다.

뮌헨에 이어 가장 오래된 마켓 중 하나인 뉘른베르크는 크리스트킨드 외에도 지역 특산품인 크리스마스 렙쿠헨으로도 유명하다. 또, 무엇보다 빼놓을 수 없는 것은 크리스마스 트리 장식품이다. 뉘른베르크에서 판매하는 장식품은 다른 지역과는 달리 품질이 뛰어나고 고급 상품이 많다. 공장에서 찍어낸 플라스틱 장식품이 아니라, 뉘른베르크에서만 살 수 있는 독특한 나무 장난감, 수제 공예품이 정말 다양하다. 지갑을 활짝 열 자신이 있다면 단연 가장 아름다운 장식품들을 구할 수 있다. 다만, 워낙 유명해진 탓에 4주 내내 아주 많은 인파가 몰리는 데다 도시 규모에 비하여 상품의 가격이나 도시 물가가 비싸다는 것은 기억해야 한다.

뮌헨의 톨우드페스트 (Tollwoodfest)

독일에서 언제나 아쉬웠던 것은 한국처럼 저렴한 가격에 문화, 예술을 감상할 기회가 많이 없다는 것이다. 도시마다 마련된 오페라하우스나 콘서트 홀에서 열리는 공연들은 가격도 부담스러웠고 클래식 음악이나 뮤지컬을 제외하고 일상에서 편히 들을 수 있는 재즈, 인디 가수 또는 팝 가수들의 콘서트는 대도시가 아니고서는 더욱 찾아보기 어려웠기 때문이다. 음악에 대한 갈증을 해소시켜준 것은 바로 축제에서 열리는 공연이었다.

그중 팝부터 재즈, 그리고 실험적인 음악까지 장르에 대한 구분 없이 다양한 공연을 무료로 제공한 축제가 바로 '톨우드페스트(Tollwoodfest)'였다. 어디서도 접해 보지 못한 음악, 한 번도 관심을 가져보지 않았던 해외 뮤지션을 볼 수 있어 그 시간이 더욱 소중했다.

톨우드페스트는 겨울과 여름에 한 번씩 열린다. 여름엔 뮌헨에서 잉글리시가든으로 규모가 큰 올림픽 공원 전체를, 겨울엔 옥토버페스트가 열리는 테레지엔비제라는 광장을 축제의 장으로 활용한다. 따뜻한 날 야외에서 펼쳐지는 공연을 보고 시원한 맥주를 들이키며 신선한 공기를 마시기 위해서라면 아무래도 여름 페스티벌이 즐기기에 훨씬 좋다. 이 올림픽 공원은 세계적으로 유명한 독일의 자동차 회사 BMW 전시관 옆에 있어 오전, 오후에 잠시 전시관에 들렀다가 축제를 즐기러 가기에도 안성맞춤이다.

이 축제의 가장 큰 특징은 환경 보호와 건강한 생태계에 대한 관심이라는 기획 의도에 있다. 따라서 여느 축제들과는 아주 다르게 이곳에서 파는 것은 모두 '비오(Bio)' 즉, 친환경적인 재료로 만든 음식, 친환경 재료로 만든 수공예 제품이다. 축제장을 거닐다 보면 상점 메뉴에 '비오버거(Bioburger, 친환경 햄버거)', '비오레모나데(Biolemonade, 친환경 레모네이드)'가 써 있고 천으로 만든 조명등, 재활용 종이로 만든 다이어리나 조명등 커버, 아프리카 토속 장신구, 수공예 양초 등이 화려하게 진열되어 있다. 더불어 매년 축제 프로그램 중 하나로 이러한 주제에 관한 포럼을 주최하거나 동물 보호, 또는 가축 시설 개선, 동물 권리 보호 등을 주장하는 캠페인을 펼치기도 한다. 한번은 뮌헨시 공무원과 협동으로 학교에서 제공되는 급식을 모두 친환경 재료로 만든 건강한 음식으로 대체하자는 운동을 벌이기도 했다.

톨우드페스트는 대개 3주 이상 열리므로 날짜를 놓칠까 염려할 필요가 없다. 올림픽 공원이 워낙 큰데다 다양한 공간에서 시간별로 다양한 공연이 제공되어 매일 축제를 방문해도 새롭기만 하다. 날이 환한 주말에는 뮌헨 시내에서 자전거를 하나 빌려 뮌헨의 드넓은 자전거 도로를 따라 북쪽으로 30분 정도 달리면 나오는 공원 앞에 자전거를 묶어 놓고 공원을 산책한다. 그리곤 친환경 우유로 만든 아이스크림을 입에 하나 물고, 공연을 보기 좋은 자리에 돗자리를 하나 깔고 앉아 신선한 음악 소리를 듣고 있으면 금세 하루가 저문다. 그렇게 날이 어두워지면 축제장을 장식한 화려한 장식들과 조명등에 반사되는 아름다운 풍경을 즐기며 음식을 파는 곳을 구경하다 감자튀김에 시원한 맥주를 한 잔 들이키면 부러울 것이 없다.

루드빅스부르크의 큐르비스페스트
(kürbisfest in Ludwigsburg)

호박 축제라니! 전어 축제나 쌀 축제, 메밀 축제는 들어봤어도 호박 축제는 들어 본 일이 없었는데, 이 축제는 독일에서도 꽤나 큰 규모로 열리는 축제란다. 슈투트가르트로 이사 간 친구를 방문하던 날 무엇을 하고 놀까 고민하고 있을 때 친구가 이 축제에 가자고 제안했다. 슈투트가르트에서 20분 정도면 닿는 거리에 루드빅스부르크(Ludwigsburg)라는 작은 도시가 있는데 그곳에서 호박 축제가 열리니 구경을 가자는 것이었다. 당시 심정은 호박으로 축제를 해 봤자 그저 지역에서 생산되는 호박을 판매하는 시골 장터 수준이 아닐까 싶어 크게 끌리지 않았다. 그래도 안 가본 데를 가보는 것도 괜찮지 하는 단순한 생각에 아무런 기대 없이 축제장으로 향했다. 축제가 열리는 블류엔데스 바록(Blühendes Barock)이라는 공원이 루드빅스

부르크 시내 중심에 자리하고 있어 기차역에서 10분 정도 걷다 보면 어느덧 입구 멀찌감치부터 바람을 타고 날아오는 호박 향을 느낄 수 있다. 그리고 눈앞에 펼쳐지는 호박들까지. 와! 기대와 달리 나는 이 축제에 첫눈에 반해버렸다. 주황색, 노랑색, 초록색의 크고 작은 호박들이 너무 귀엽고 앙증맞았다. 호박 나라라는 동화책이라도 써야 할까 보다.

호박으로 축제를 하면 뭘 하겠나 하는 생각을 했던 사람을 비웃기라도 하는 듯 정말 축제는 하나부터 열까지가 호박으로 꾸며진다. 그리고 그 다채로움에 그저 보는 것만으로도 기분이 굉장히 좋아진다. 미국 명절인 할로윈 팬이라면 이 축제에 꼭 한번은 와보아야 한다는 홍보 욕구마저 생긴다. 먼저 양옆에 호박이 쫙 깔린 길을 걸으면 가장 먼저 호박으로 만들어진 거대 동상, 조형물들이 보인다. 호박을 잘라 붙여 만들기도 하고, 또 큰 호박을 조각해 깎은 것도 있고, 대형 호박에 속을 비우고 사람이 들어갈 수 있는 비밀의 소파처럼 만든 조형물도 있다. 그 작품들이 상상을 초월할 정도로 다양하고 창의적이라 하나하나 구경하며 사진을 찍는 것만도 재미있다. 그저 맥주만 배불리 마시고 거리 음식을 먹다 끝나는 다른 축제들과는 많이 다르다. 그리고 어린 아이부터 나이드신 할머니, 할아버지까지 웃으며 즐길 수 있는 특별한 볼거리가 가득하다.

그리고 축제 한편에는 세계 각국의 호박이 전시되어 있는 커다란 공간이 있다. 나는 우리나라의 애호박과 늙은 호박을 찾아 내곤 괜히 뿌듯했다. 주황색 호박과 녹색 호박, 그리고 독일에서 자주 본 땅콩 호박 정도가 내가 본 호박의 전부였는데, 이곳에서 꽈리고추처럼 생긴 호박, 뱀처럼 배배 꼬인 호박, 코끼리 얼굴만큼 커다란 왕 호박, 하얗고 빨간 호박들까지 수백 가지의 호박이 눈을 사로잡았다. 난 정말 호박 분야에서는 우물 안 개구리였구나 하는 반성마저 들었다.

먹을거리도 모두 100% 호박이다. 슈투트가르트에서 가장 유명한 마울타쉐(Maultasche)와 슈페츨레(Spätzle)도 호박으로 만들어진다. 마울타쉐는 우리나라의 만두와 매우 비슷한데 이 안에 잘게 채 썰어진 호박이 들어가 한 입을 베어 물면 호박즙이 줄줄 나온다. 슈페츨레는 쫀득한 파스타 종류로 반죽에 호박즙을 넣고 면을 뽑은 뒤 호박 소스를 붓고 치즈를 가득 올린 뒤 오븐에 구워 준다. 이외에도 디저트용 와플과 케이크, 쿠키에도 모두 호박을 아낌없이 사용했다. 행여나 호박을 좋아하지 않는다면 안타깝게도 먹을 수 있는 음식이 입구에서 파는 소시지 정도 밖에는 없다. 축제의 하이라이트로 호박 아이스크림도 있다. 호박죽을 차갑게 얼려 우유를 섞어 만든 것 같은 달콤함이 으뜸이다. 건강식을 먹는 것 같기도 하다. 물론 음료수도 예외는 아니다. 호박이 들어간 주스, 호박 와인, 호박 맥주, 그리고 호박 차까지 우리가 상상하는 모든 것이 다 준비되어 있다. 그래서일까? 음식과 음료수를 하나 시켜 배불리 먹고 행사장을 나올 쯤에는 입은 물론 몸 전체에서 호박 향이 나는 듯한 느낌이 든다. 아, 집에 돌아가기 전에 캐러멜에 조려낸 호박씨 볶음을 꼭 한 봉지 사서 들고가길 추천한다. 그래야 후회가 없다.

축제 중에는 직접 호박죽을 만드는 워크숍도 열리고 호박을 배경으로 한 소규모 음악 연주회도 열린다. 그중 하이라이트는 호박으로 만들어진 미니 카누 경기다. 도대체 저렇게 큰 호박은 어디서 자라나는 걸까 궁금해하는 사이 조금만 잘못해도 금방 옆으로 뒤집힐 것처럼 아슬아슬한 호박 카누에 올라타 노를 젓고 달려가는 선수를 보면 마음이 조마조마해서 눈을 뗄 수가 없다. 선수 중에는 본인이 직접 만든 대형 호박 보트를 가지고 오는 사람도 있고, 축제 주최 측에서 제공하는 호박을 타고 경기를 하는 사람도 있다. 우승자에게는 200유로에서 300유로 정도의 작은 상금이 주어진다. 상금보다도 그저 우스꽝스러운 경기를 즐기느라 환한 미소로 노를 젓고 있는 선수들을 보면 나도 모르게 응원 욕심이 샘솟는다. 이 축제 정말 탐난다!

페스티발 메디아발
(Festival-mediaval)

독일인 친구 한 명은 보석 공예를 하는 사람이었다. 오랫동안 진로를 고민하다가 보석 공예 일을 선택하게 되었는데, 그 일이 내가 상상했던 것과는 전혀 달라 그 이유를 물은 적이 있다. 그 친구는 자신이 좋아하는 게 무엇인지 하나씩 리스트를 적어 내려가던 중 많은 항목의 공통점에 '중세 축제'가 있다는 것을 발견했고 그 축제에 기여할 수 있는 일이면 좋겠다는 바람이 들었단다. 이내 축제에 가장 많이 필요한 중세 시대의 장신구와 장식품, 보석을 만드는 일이야말로 바로 자신의 특기와 가장 적합한 일이라는 확신이 들었다고 했다. 중세 축제를 사랑하는 독일인은 이 친구뿐만이 아니었다. 독일인들의 과거에 대한 향수, 역사적으로 무척 번영했던 그 시간들을 오래도록 기억하고, 기념하고자 하는 작은 소망이 만들어 낸 축제이기에 이 축제는 많은 사람들에게 사랑 받는다.

중세 축제는 정말 〈반지의 제왕〉이나 〈바이킹〉같은 영화에서나 볼법한 유럽의 중세 시대 모습을 현실로 가져와 그대로 재현한다. 타임머신 없이 유럽의 과거 속에 들어가는 기분은, 꾸며진 행사인 줄 알면서도 어쩐지 짜릿하고 즐겁기만 하다. 특히 축제가 성곽이나 요새에서 열리다 보니 세월이 지나는 동안 손상되고 파괴된 역사적 장소의 흔적과 분위기가 더욱 의미 있게 다가온다. 축제장에는 화려하지 않지만 우직한 텐트가 설치되고, 옛날 상인 모습을 한 참가자들이 각종 장신구, 음식 조리 도구, 그릇, 가죽 용품, 맥주잔, 비누, 나무로 만든 악기 등 아주 다양한 물건들을 판매하기도 하고, 직접 옛날식으로 전통 화덕에 빵을 굽는 모습을 재현하기도 한다. 중년의 아주머니들은 옛날 유럽의 주부들이 입는 소박한 원피스에 앞치마를 두르고 모여 앉아 뜨개질을 하며 잡담을 한다. 한편에 마련된 공간에서는 중세 기사 복장을 한 남성들이 방패와 창을 들고 전투 시연을 하고 그 뒤 큰 마당에서는 커다란 맥주 머그잔에 맥주를 한가득 부어 마시며 바

페스티발 메디아발(Festival-mediaval)

비큐를 굽는 중세 시대 사람들을 볼 수 있다.

축제 방문객들은 독일 전통 의상을 입거나 중세에 많이 착용하던 가죽 장신구를 두르고 오는 센스를 발휘한다. 고궁에서 열리는 축제에 전통 한복을 입고 방문하면 어쩐지 자랑스럽기보다 창피함이 앞설 것 같은데 이처럼 옛것을 지키는 것은 물론 오래도록 즐기려는 독일인들의 태도가 조금은 부럽게 느껴진다. 게다가 행사에 참여하는 중세 사람들과 상인들은 또 어찌나 진지하게 맡은 역할을 해내는지 역시 독일인답다는 생각이 절로 든다. 그저 복장만 갖추어 입고 물건을 파는데 그치는 것이 아니라 중세 시대에 대한 역사적인 지식을 갖추고, 그 시대에 살던 사람들이 어떻게 생활했는지 함께 연구하며 이를 궁금해하는 방문객에게 친절하게 설명해준다. 가죽 제품을 엮어 가방을 만들고 있던 아주머니는 호기심 많은 눈으로 자신을 구경하는 아이들을 옆에 앉혀 놓고 중세 시대 사람들은 어떤 가죽을 많이 쓰고 어떤 방식으로 가죽을 꿰매었는지 한참을 이야기해 주셨다. 불을 피우고 고기를 굽는 아저씨는 방문객이 올 때면 늘 중세 시대 사람들이 쓰는 구어체로 말을 걸어 웃음짓게 만들었다. 이들은 축제 기간 동안 본인들이 하는 행동 하나하나에 세심한 노력을 기울이는 듯 했다. 이 모든 것이 암기가 바탕이 된 연기라면, 서프라이즈 주연 배우 뺨치는 명배우들임에는 확실하다.

박물관의 밤,
뮤지엄나흐트(Museumnacht)

독일에는 정말 많은 수의, 굉장히 다양한 박물관이 있다. 아주 작은 도시라도 도시 역사 박물관이나 미술 박물관은 하나쯤은 꼭 있을 정도로 전시 문화는 독일에서 빼놓을 수 없는 문화 중 하나다. 그러나 미술이나 전시품에 지대한 관심이 있는 사람이 아니고서는 다소 부담스러운 입장료를 내고 원하는 박물관 모두를 방문해보기란 쉽지 않다. 게다가 대부분의 박물관이 직장인들의 퇴근 시간 전이나 비슷한 시간에 문을 닫으므로 평일에 여유롭게 방문을 하기 어렵다는 단점도 있다. 또한 여행객이라면 주어진 짧은 시간 내에 정말 보고 싶은 전시 한두 개만 얼른 보고 와야 다른 여행 목적지도 충분히 즐길 수 있다는 어려움이 있다. 그렇다면 한 번에 원하는 박물관을 쫙 둘러볼 수 있는 기회는 없을까? 밤 늦게까지 문을 여는 박물관은 없을까? 하는 바람이 자연스럽게 나올 수 밖에 없다. 이런 욕구를 만족시켜주는 이벤트가 있다. 바로 뮤지엄나흐트(Museumnacht)다.

뮤지엄나흐트는 박물관의 밤이라는 뜻이다. 일 년에 한 번 뿐인 이 특별한 기간에는 행사에 참여하는 다양한 박물관이 새벽 2시까지 문을 열고 방문객을 맞이한다. 박물관 한 곳의 티켓 가격으로 문을 연 박물관 전부 관람할 수 있는 것은 물론, 다양한 장소에서 진행하는 야외 콘서트나 설명회, 워크숍 등을 무료로 즐길 수 있다. 또한 운이 약간만 좋다면 무료로 나누어주는 선물, 와인이나 칵테일을 받을 수도 있고 전시관이나 전시관 건축 관련 종사자나 아티스트들을 직접 만나 이야기할 수 있는 특별한 기회도 잡을 수 있다. 이 모든 것을 차치한다 하더라도 독일에는 저녁이 '있지만', 야외에서 저녁을 즐길 수 있는 기회는 생각보다 흔치 않기 때문에, 한밤중에 도시를 가득 채운 사람들을 구경하고 야간 조명이 아름답게 비치는 박물관과 도시의 야경을 만끽할 수 있다는 것만으로도 마음이 벅차는 행사다.

1900년대는 독일이 통일된 후 베를린을 중심으로 도시 재건과 마케팅을 위한 노력이 활발하게 이루어지는 시기였다. 1997년, 동서독이 만나는 문화와 역사의 접점인 베를린에서 도시 마케팅의 일환으로 처음 '박물관의 긴 밤'이라는 이름으로 이 행사가 열렸다. 첫 행사에만 18개가 넘는 박물관이 참여했고 6천 명이 넘는 관람객이 다녀가며 큰 성공을 일구었다. 이내 입소문을 타고 프랑크푸르트와 뮌헨 같은 독일 내 다른 도시는 물론, 암스테르담과 파리를 포함한 타 유럽 국가로 뻗어 나갔다. 이 기간에는 관람객들이 박물관을 쉽게 이동할 수 있도록 셔틀버스도 제공되며 많은 간이식당과 바, 레스토랑이 늦은 시간까지 문을 열어 긴 밤을 후회 없이 만끽할 수 있도록 돕는다.

물론 사람이 없는 시간에 천천히 전시 작품을 음미하기를 좋아하는 사람이라면, 조금은 복잡하고 시끌벅적한 이 행사가 맞지 않을 수 있다. 지역 주민뿐 아니라 여행객도 많기 때문에 다른 사람의 방해를 받지 않고 전시품에 집중하기는 어려운 편이다. 하지만 반대로 꼭 크고 유명한 박물관이 아니더라도 충분히 흥미롭고 새롭지만, 평소에 여러 가지 이유로 방문해보지 못했던 작고 독특한 박물관이나 평소에는 일반인들에게 개방하지 않는 명소나 역사적 장소를 들러볼 수 있다는 데 의의가 있다. 예컨대 슈투트가르트의 경우 시청 앞, 마켓 플라자 아래에 있는 벙커 호텔을 개방하곤 한다. 이 호텔은 세계 2차 대전 중 벙커로 사용되었던 지하 대피소를 전쟁 이후 리모델링하여 호스텔로 운영한 곳이다. 전쟁 중 파괴된 부분만 재건하여 '마켓 플라자의 호텔'이라는 이름으로 영업을 했지만 추후 재정 악화와 안정성을 이유로 1985년에 결국 문을 완전히 닫아버렸다. 그리고 지금은 1년에 딱 한 번, 뮤지엄나흐트에만 방문할 수 있는 역사적 공간이 되었다.

함부르크의 리퍼반 페스티벌
(Reeperbahn Festival)

나는 서른이 넘은 나이에도 클럽에서 밤새 춤추고 놀 수 있는 자칭 '파티녀'다. 독일에서도 혼자 클럽에 가 본적이 3번 이상 될 정도로 부끄러움이 없는 편이지만 몇 년 전 한국에서 처음으로 신분증 확인 후 나이가 많다는 이유로 클럽 입장을 거절 당한 후 사기가 많이 꺾였다. '아니, 이제 파티가 뭔지 좀 알겠는데 나이가 많아서 못 들어간다니 대체 이게 무슨 꼴이란 말인가?' 하는 억울함에 아직 나를 반겨주는 독일에서는 원 없이 실컷 놀고 가야겠다는 다부진 오기가 생겼다. 그러나 아쉽게도 독일엔 한국처럼 핫하고 즐거운 클럽이 많지 않다. 베를린 같은 젊은 대도시에나 가야 그나마 괜찮은 클럽이 있을 뿐 나머지 클럽들은 유행 탓에 온통 하우스와 일렉으로 음악이 통일 되어 있다. 인디나 힙합 음악, 얼터너티브 같은 다른 장르 음악을 좋아하는 사람들은 곧잘 소외 받을 수 있다. 이런 환경에 춤과 음악에 대한 갈증이 오래도록 쌓인 사람이라면 함부르크에서 열리는 독일 최대의 클럽 페스티벌, '리퍼반 페스티벌(Reeperbahn Festival)'을 놓칠 수 없다.

리퍼반은 독일의 암스테르담, 레드 라잇 디스트릭트(Red light district, 홍등가)로 불리는 유흥가다. 클럽과 술집을 지나면 '여자는 출입 금지'라고 써있는 유흥가와 성인 용품 샵은 물론 호스트나 게이 바도 쉽게 볼 수 있다. 그래서인지 독일인들이 결혼 전 총각, 처녀 파티 장소로도 자주 방문하는 곳이기도 하다. 관광객에게 조금은 퇴폐적인 이미지를 주는 동네이지만 한편으로는 비틀즈, 에릭 클랩튼처럼 세계적 뮤지션이 탄생한 곳으로 유명하다. 이 특별한 동네가 매년 가을만 되면 전 세계 음악인과 음악을 사랑하는 팬이 몰리는 유럽 최고의 음악 도시로 바뀐다. 리퍼반에 있는 클럽, 공연장은 물론 바와 광장, 공원 같은 일상적인 공간에서 공연되는 다양한 뮤지션의 라이브 공연이 500개에 이르러 어떤 공연을 보면 좋을지가 제일 큰 고민거리가 될 지경이다.

　리퍼반 페스티벌의 가장 큰 장점이라면 세계적으로 유명한 아티스트보다 평소에 듣도 보도 못한, 전혀 기대하지 않은 아티스트들을 만나고 그들의 팬이 되는 기회를 맞는 것이다. 규모가 작은 공연장에서 아티스트의 숨소리를 듣고 얼굴에 흐르는 땀을 보며 소통하면 별로 좋아하지 않았던 음악에도 어쩐지 푹 빠지게 된다. 물론, 입장권만 내면 원하는 음악을 찾을 때까지 공연장 이곳저곳을 뛰어 다닐 수 있어 장르가 한정된 락 페스티벌처럼 내가 좋아하는 음악이 나올까 우려하지 않아도 좋다. 평소에는 맥주를 얼큰하게 마셔야 춤을 조금 추는 독일인들인데 축제장에서는 최고의 파티 피플이 되는 모양이다. 첫날부터 밤을 꼴딱 새고 24시간 문을 여는 맥도날드에서 아침 식사를 한 뒤 다시 공연장으로 맥주 한 병을 들고 전진하는 독일인들을 보고 있으면 '이런 것을 일상 탈출이라고 하는 거지!'라는 생각에 뿌듯해진다.

PART 4

Die vier Gesichter

독일의 네 가지 얼굴

독일을 여행하고 싶어하는 사람들로부터 받는 질문이 있다. '독일에 유명한 도시는 베를린, 함부르크, 뮌헨 정도인데 이 중 어느 도시를 가야 좋을까' 하는 질문이다. 나라는 크고, 왠지 어딜 가나 비슷비슷할 것 같고, 예쁜 마을을 가자니 또 대도시와는 너무 멀리 떨어져 있는데다 교통이 불편하니 독일 여행 코스를 짜는 것도 쉬운 일은 아닌 것 같다. 당연하지만, 여행이 아니라 '어디에 살 것인가' 하는 질문은 훨씬 더 복잡해진다. "어느 도시에 가야 한국인이 적을까요? 한국어를 안 써서 독일어가 빨리 늘었으면 좋겠는데….", "어떤 곳이 집 값이 싸고 안전한가요?", "프랑크푸르트와 뒤셀도르프 중에 어디로 가야 할까요?"와 같은 질문 등이다. 무엇을 우선 순위에 두고 방문 도시를 선택할 것인지는 참 어렵고도 중요한 결정이다.

나는 거의 2년에 한 번 꼴로 도시를 이동하며 지난 10년을 살아서인지 이제는 짐을 싸고 옮겨가는 나그네 생활에 도가 터 버렸다. 그래서 가

꿈은 '이제는 진짜 평생 이사 안 하고 내 집 하나 두고 여기서 뿌리를 내렸으면 좋겠다'고 생각하다가도, 또 이내 새로움에 갈증을 느껴 '이번엔 여기로 옮겨 볼까, 저기로 옮겨 볼까' 하는 벼랑 끝 방랑자 태도를 버리지 못하는 것이 한심하기도 하다. 나 역시 초반에는 '어느 도시'라는 기준과 선택을 그렇게 중요하게 생각하지 않았다. 익숙한 울타리인 한국, 내 고향과 집을 떠난 그 순간부터는 어디를 가든 새롭고 재미있기 마련이니 말이다. 이곳은 이곳대로 또 저곳은 저곳대로 매력이 있으니 그 매력을 찾아 다니는 과정을 거치며 그 도시를 내 것으로 만들면 된다는 생각이 더 컸다.

그러나 몇 년 지나지 않아 독일은 다른 어느 나라보다 도시 선택이 중요하다는 것을 깨달았다. 나라 전체에서 풍기는 고독한 회색빛 풍경이 발산하는 에너지 덕분에 독일살이라는 게 무척 힘겨워질 때가 많기 때문이다. 그래서 한 달 여행을 오든, 단기 어학 연수를 오든 아니면 몇 년 직장 생활을 하러 오든 독일에서는 내가 조금 더 밝게, 긍정적으로 에너지 넘치게 '으쌰 으쌰' 살아갈 수 있는 요소가 조금이라도 더 많은 도시를 선택하는 것이 가장 중요하다. 그래야 독일을 사랑할 수 있는 환경이 마련되니 말이다. 즉, 선택의 기준이 '어디가 저렴한가', '어느 도시가 안전한가' 보다 '내가 좋아하는 활동이 무엇일까', '나를 버티게 하는 힘은 어디에 있는가', '그리고 이 것들이 집중되어 있는 도시가 어디에 있을까'에 있을 때 답을 찾기가 쉽다.

독일은 지도에서 보는 것처럼 커다란 손바닥 모양의 국토를 가지고 있다. 이 손바닥을 동서남북으로 쪼개 놓고 보면 그 지역들의 두드러진 특징을 찾기 쉽다. 모든 점에서 독자적인 매력을 뿜내는 베를린을 제외하고 동쪽을 대표하는 도시에는 동유럽 분위기를 가진, 옛 분단 시절 동독 역사의 냄새를 폴폴 풍기는 라이프치히, 드레스덴 같은 곳이 있다. 사실 동독의 작은 도시들은 독일 사람들도 살고 싶어하지 않을 정도로 개발이 잘 안되어 있는데다 인종차별이 심하기로 유명하다는 단점이 있다.

서쪽에 오면 네덜란드, 벨기에 프랑스와 맞붙어 굉장한 매력을 발산하는 쾰른을 중심으로 아시아 커뮤니티가 엄청 발달한 뒤셀도르프, 옛 철광 산업의 잔재가 남아있는 에센이 있다. 이 서부 지역은 박물관이 다른 지역보다 많이 집중되어 있기도 하다. 더불어 동독과는 또 180도 다른 분위기의 독일을 만날 수 있다. 특히 쾰른은 도시가 가진 에너지가 다른 도시와는 정말 다르다. 누군가는 쾰른을 게이의 도시라 하고 또 누군가는 카니발의 도시라 할 정도로 자유분방하다.

북쪽은 단연 함부르크가 대표한다. 엄청 드넓은 바다와 항구, 덴마크와 맞닿은 곳의 그 청량하고도 시원한 풍경은 독일 다른 지역에선 찾을 수 없다. 바다와 해산물, 디자인을 좋아하는 사람들에게는 이만한 도시가 없다고 생각한다.

반대로 남쪽은 하이커의 천국, 알프스가 드넓게 둘러싼 뮌헨 중심의 바이에른 소속 도시들이 대표한다. 우리가 '독일'이란 말을 딱 들었을 때 떠올리는 많은 문화적 특징들이 가장 잘 녹아있는 지역이기도 하다. 푸른 산과 호수, 셀 수 없는 맥주 양조장과 빵, 그리고 소세지, 나무대가 중심을 잡고 있는 옛 건축 스타일의 집, 큰 성당과 고성들을 가장 쉽게 만날 수 있는 곳이니 말이다.

지역 선택을 위한 첫 번째 단계는, 바로 위에서 소개한 이 큰 분류에서 내가 좋아하는 것이 어느 지역에 집중되어 있을까 고민해 보는 것이다. 이 고민이 끝나고 나면 그때부터는 '나는 큰 도시가 맞을까, 작은 도시가 더 잘 맞을까?', '이동하기에 편한 곳은 어디일까'와 같은 하위 질문들을 차차 풀어 나가면 된다.

　　내가 가장 좋아하는 활동, 스트레스를 받을 때나 그냥 놀고 싶을 때 자주 하는 취미는 등산이다. 물을 무서워해서 바닷가는 그저 눈요기만 하는 정도고 경사진 산을 땀을 뻘뻘 흘리며 올라가 꼭대기에서 청량한 콜라를 들이키는 것을 무척 좋아한다. 나는 완전히 집순이와는 거리가 멀다. 오히려 집에만 있으면 우울함에 기분이 땅속으로 푹 꺼지는 스타일이다. 이러니 에센에 살며 억지로 집순이가 된 이후, 얼마나 많이 징징대고 살았는지 알 법도 하다. 그리고 나는 햇빛이 잘 드는 카페에서 광합성하며 커피 마시는 것을 등산 다음으로 좋아한다. 그래서 독일에 있는 동안 가장 만족했던 도시는 뮌헨이었고, 일이나 생활에서 힘든 일이 무척 많이 있어도 잘 버텨낼 수 있었다. 차를 타고 30분에서 1시간만 가면 무척 다양한 호수와 등산 코스에 닿을 수 있는데다 날씨도 독일에서는 가장 '맑은' 도시 중 하나에 속하니 더할 나위 없었다. 친구들이 없을 때도 그냥 초콜릿과 콜라 하나 싸가지고 주말에 하루 이틀씩 놀러 다녀오면, 그걸로 충분히 재미있어서 외롭다는 생각은 한번도 들지 않았다.

　　그런데 직장을 옮기고 이사온 에센은 내가 좋아하는 활동을 할 수 있는 환경이 전혀 마련되어 있지 않은 곳이었다. 에센은 산은커녕 뒷동산 하나 없는 완벽한 내륙 지역인데다 카페 문화도 발달하지 않았고, 연간 일조량은 함부르크와 뒤에서 1, 2위를 다툴 정도로 늘 흐린 곳이었기 때문이다. 기차를 타고 1시간을 가도 산이라고 부를 수 있는 곳에 닿기가 어렵고 기껏해야 자우어란드(Sauerland)라는 비교적 낮은 동산이 모여 있는 곳에 다다를 뿐이었다. 교통편마저 녹록지 않아 한두 번 가고선 포기했다. 신나게 놀고 싶을 땐 뒤셀도르프와 쾰른에 놀러 가 친구들과 술을 마시고, 춤을 추고 돌아오곤 했다. 다행히 에센 남쪽에 발데나이 호수가 있어 날씨가 맑은 운수 좋은 날에 부리나케 달려가 광합성을 하고 오는 것이 유일한 위안이었다. 20평 가까이 되는 집에 혼자 살며, 룸메이트 눈치 안보고 한국 음식도 매일 해 먹을 수 있고, 남자 친구와의 거리도 100km나 더 가까워졌고, 암스테르담이랑 브뤼셀이 엎어지면 코 닿을 곳에 있으니 이 정도면 뮌헨보다 더 높은 삶의 질을 누리고 있는 것이 아닌가 생각할 법도 하지만 엄청나게 빨라진 퇴근 시간과 룸메이트 조차 없는 긴 주말을, 좋아하는 취미 활동으로 보내기가 어려우니 오히려 그 시간이 독이 되는 역설적 현실을 마주하게 됐다.

내 경우를 쉽게 예로 들었지만, 독일에 살고 있는 누군가에게 물어보더라도 다 비슷한 생각을 하지 않을까 싶다. 공연이나 영화 보는 것을 가장 좋아하는 한 후배는 한국인이 적다는 이유로 뮌헨 근처 소도시 어학원을 등록한 뒤 살다가 이내 오감 불만족으로 우울증을 겪었고, 서핑과 세일링을 사랑하는 부산 출신 바다 사나이는 일자리가 많을 것 같다는 이유로 프랑크푸르트에 왔지만 아르바이트 한 돈으로 북해나 남해에 가 서핑을 한 적은 1년에 딱 한 번밖에 없어 힘들어했다. 아르바이트 비용으로 기차와 숙박비를 감당하기 어려웠던 것이다. 이 이유 하나 때문은 아니지만 결국 독일은 자기랑 안맞는 것 같다며 워킹홀리데이 기간인 1년을 채우지 못하고 영국으로 도피를 했다. 이와 다르게, 빵과 케이크를 사랑하는 한 친구는 레겐스부르크에 살다 뮌헨으로 이사온 뒤 오스트리아를 수시로 넘나들며 전보다 더 즐거운 생활을 하고 있다. 이곳에는 아주 다양한 종류의 케이크를 판매하는 콘디토라이가 많기 때문이다. 자동차에 죽고 못사는 미국인 전 직장 동료는 에센에 있다 결국 슈투트가르트로 직장도 거주지도 옮긴 뒤 더 만족스런 삶을 살고 있다. (첨언하자면, 자동차에 관심이 하나도 없는 나 조차도 슈투트가르트에 있는 벤츠 박물관은 정말 멋있다고 느꼈다. 입장료가 조금도 아깝지 않으니 방문하는 걸 추천한다.)

하지만 여전히 누군가는 독일에 평생 사는 것도 아닌데 이런 것이 다른 것보다 중요할 수 있냐고 반문할 지 모른다. 그러나 누구를 만나고 어떤 것을 먹을지는 선택할 수 있는 문제인 반면, 좋아하는 활동을 쉽고 저렴하게 할 수 있는 환경인가는 선택의 문제가 아니라 이미 주어진 조건이며 또, 내가 맘대로 바꿀 수 없는 것이기에 중요할 수 밖에 없다. 숙박비가 한 달에 20만원이나 싼 지역이지만 좋아하는 수영장에 가기 위해 주말마다 더 비싼 교통비를 지출하며 1시간을 가야 한다면 이야기는 달라진다. 치안은 무척 좋지만 만나서 얘기할 수 있는 젊은 사람들은 눈에 코빼기도 안 보이는 한적한 시골 마을이라면, 결국 텔레비전에 나오는 드라마 속 주인공과 담소를 나누는 지경에 이르고 말 것이다. 어느 도시를 가든 놀 수 있는 환경이 참으로 잘 갖추어져 있는 우리나라에서 살다 독일로 오게 된 나와 같은 한국 사람들이 스웨덴, 벨기에 같은 인근 유럽국가에서 이민 온 외국인보다 독일 생활을 더 지루해 하는 데는 다 이유가 있다. 이 모든 것은 상대적이기 때문이다. 누군가는 에센 같은 작은 도시, 재미없는 도시를 선택했다고 불평할 때, 동북 지역에서 온 인턴 학생은 '에센은 도시가 정말 크고 예뻐! 그리고 놀 게 많아서 너무 놀랐어!'라며 시골청년의 순수한 즐거움을 온 얼굴에 감추지 못하고 다니니 말이다.

서부 지역

옛 철강 산업의
잔재가 남아 있는 에센

독일 서쪽 지역의 거의 끝이라 할 수 있는 에센에 이사 가던 날, 뮌헨의 친구들이 대체 에센에는 뭐가 있냐고 왜 그 도시에 가는 거냐고 의구심이 가득한 질문을 했다. 에센의 명소를 검색하던 중 친구 하나가 아무리 인터넷을 뒤져봐도 에센의 가장 큰 장점은 네덜란드와 벨기에를 한 시간 안에 갈 수 있는 지리적 이점뿐이었다며 가지 말라고 우스갯소리를 했다. 그래, 암스테르담이나 브뤼셀이나 가야 이 지역의 좋은 점을 경험할 수 있는 거구나 하고 생각하니 조금 우습고 허탈했다. 친구들의 조롱만큼이나 아무것도 없는 도시는 아니었지만 쾰른이나 뒤셀도르프에 비하면 훨씬 산업적인 냄새가 강한 회색 느낌의 도시였다. 그래서 나는 에센에 살면서 옆 동네 쾰른과 뒤셀도르프를 참 많이도 부러워했다.

무미건조한 에센에도 커다란 자랑거리가 하나 있다. 바로 2001년에

에센의 쫄베라인(Zollverein)

유네스코의 문화 유산으로 지정된 옛 탄광 산업 단지 '쫄베라인(Zollverein)'이다. 이는 독일은 물론 유럽 어느 곳에서도 볼 수 없는 거대한 규모의 산업 단지라, 입구에서부터 그 규모에 입이 다물어지지 않는다. 탄광 시설이라고 하면 먼지가 가득한 지저분하고 퀘퀘한 공장이나 굴이 연상되지만 쫄베라인은 예상과는 정반대로 아름다운 광경을 자랑한다. 붉은색 벽돌로 지어진 거대한 건물들이 양옆으로 줄지어 서 있고 빨간색이 입혀진 각종 관, 철길, 철물 골조의 타워가 더 큰 키로 주변을 가득 메워서 그 앞에 서있으면 꼭 거인의 나라에 온 난쟁이가 된 것 같은 기분이 든다.

탄광 산업단지를 방문하면 19세기에서 20세기까지 엄청나게 부흥했던 산업이 시간이 흐르는 동안 쓸모 없는 산업이 되어 문을 닫기까지의 굴곡 있는 역사가 파노라마처럼 쫙 펼쳐지는 것 같다. 탄광소가 처음 지어진 것은 1847년이고 본격적인 채굴 활동이 시작된 것은 1951년이었다. 철강 산업에 필요한 석탄 연료를 공급하기 위해서 프란즈 하니엘이라는 뒤스부르크 출신의 기업가가 설립했다. 에센이 소속된 루어(Ruhr) 지역이 19세기부터 철강 산업의 중심으로 성장하면서 탄광 산업도 덩달아 매우 큰 규모로 확장되었다. 1847년에 하나의 샤프트(Shaft)로 시작한 탄광소가 1914년

에는 10개의 샤프트로 늘어 났고 세계 1차 대전이 발발하던 당시 석탄 연료 생산량이 2백 5십만 톤에 달할 만큼 큰 산업이 되었다.

그러나 다른 곳과 마찬가지로 에센의 탄광 산업단지도 문을 닫아야 할 때가 왔다. 계획대로라면 탄광소가 공식적으로 문을 닫은 1986년에 모든 건물과 시설이 해체 되어야 했지만 에센이 소속된 노쓰라인베스트팔렌 주에서 바로 시설을 구매한 뒤 지역 문화 유산으로 공식 선언했다. 이렇게 거대하고 장엄한 시설을 그냥 역사 속으로 묻어버리기에는 너무나 아깝다는 것을 이미 잘 알고 있었던 모양이다. 시설을 잘 보존하려는 노력 끝에 유네스코 문화 유산으로 지정되면서 현재는 그 당시의 산업 시설은 물론 당시 일하던 사람의 모습이 담겨 있는 사진전, 옛 탄광 시설이 운영되는 방식을 보여주는 여러 디지털 미디어 작품, 루어 지역 산업을 증명하는 여러 작품들이 전시되어 있는 에센 최대의 문화 산업 예술 복합 단지로 재탄생했다.

탄광 산업에 대한 지식이 깊지 않다면 혼자 산업 단지를 둘러보는 것보다 가이드와 동행하는 것이 훨씬 유익하다. 특별하게도 이곳의 가이드는 이 단지가 운영되던 시절에 직접 이곳에서 일을 하던 노동자 출신이 많다. 시설이 운영되는 방식뿐 아니라 그곳에서 일어나던 많은 일, 크고 작은 사건과 사고, 일하던 사람들과 같은 이야기를 당사자에게 직접 듣다 보면 할아버지의 옛날 이야기를 듣는 것처럼 시간 가는 줄 모른다. 옛것을 잘 보존하여 후손들에게 물려주고 끊임없이 교육하려는 노력은 독일인들이 세계 어느 국민보다 큰 것 같다. 우리도 시대 흐름에 따라 죽어가는 것들을 공허하게 사라져 버리게 만들지 않고, 공존하며 과거의 가치를 지켜나갈 수 있는 기회를 주면 좋겠다는 바람이 든다.

일본인의 제2의 고향,
뒤셀도르프

프랑크푸르트에 최대 한인 커뮤니티가 있다면 뒤셀도르프에는 최대 일본인 커뮤니티가 있다. 이 일본인 커뮤니티는 점점 확장되어 현재는 일본, 한국, 중국을 포함한 아시아 커뮤니티 허브로 성장하고 있다. 뒤셀도르프에 등록되어 있는 일본 회사만 600곳이 넘고 독일에 거주하는 일본인 중 1/4인 7,000명 정도가 이 도시에 거주 중이라고 한다. 이 수치만 봐도 뒤셀도르프와 일본인 사이의 두터운 관계를 짐작할 수 있다.

이 특별한 관계의 배경은 세계 2차 대전 이후 본격적으로 형성되었다. 전쟁 이후 완전히 망가진 국가를 재건하기 위해 일본에서는 강철과 건축 자재가 가장 많이 필요했다. 그에 따라 이 산업이 가장 발달한 루어 지역이 일본 기업가들의 눈에 들어온 것이었다. 1951년 처음 일본의 경영가가 뒤셀도르프에 다녀간 뒤 1955년 처음으로 독일에 등록한 일본 회사 '미츠비시(Mitsubishi)'가 이 도시에 자리를 잡아 일본과 독일의 다리 역할을 시작했다. 60년대 이후 일본 무역 협회부터 영사관, 대사관이 들어서며 일본인 클럽, 학교, 유치원, 호텔이 차례대로 들어서 오늘날 독일 최대 규모의 일본 커뮤니티가 들어서게 되었다.

독일에 살면서 가장 아쉬운 것 중 하나는 '음식'이다. 스시나 해산물, 덮밥, 라면처럼 한국에서 자주 먹을 수 있는 일본 음식이 독일에선 아주 비싼 값을 주고 먹어야 하는 경우가 많기 때문이다. 더하여, 독일에서는 해산물보다 밥이 다섯 배는 많이 든 것 같은 엉터리 캘리포니아 롤을 스시라 여기고 먹어야 하기에 항상 만족스럽지 못했다. 그랬던 나에게 뒤셀도르프는 음식에 대한 욕구를 채워주는 해방구였다. 이곳에는 일본인이 직접 운영하며 일본 본연의 맛을 보여주는 아담한 일본 식당들이 아주 많이 있기 때문이다. 예컨대 '타쿠미'라 불리는 일본식 라면 집은 점심, 저녁 시간 언제 가든지 30분은 대기해야 할 정도로 현지인들에게도 인기가 많다. 심지어 뒤셀도르프에는 일본식 빵집도 있다. 독일의 딱딱하고 투박한 빵에 질릴 때쯤 생각나는 달콤하고 부드러운 팥빵이나 크림빵을 비교적 저렴한 가격에 살 수 있어 행복할 따름이다. 홍대에서나 먹을 수 있었던 일본 메론 빵을 이 뒤셀도르프에서 보았을 때의 감격이란! 어쩐지 그 날은 빵집에 있는 빵을 모조리 다 사 오고 싶을 정도로 욕심이 났다.

이런 뒤셀도르프가 일반 시민들에게 아주 잘 알려지게 된 계기 중 하나는 바로 '일본의 날'이라고 불리는 축제 덕이다. 독일과 일본의 특별한 관계를 기념하기 위한 목적으로 시작된 축제는 매년 5월, 뒤셀도르프 거리에 벚꽃이 만발하는 시기에 열린다. 이날은 도시 거리 곳곳마다 일본 음식을 파는 거리 음식점이 꽉 들어서고 일본 만화 캐릭터로 분장한 사람들과 기모노를 입은 일본인들로 인산인해를 이룬다. 공원과 광장에서는 일본 음악, 넌버벌퍼포먼스가 펼쳐지고 또 한편에서는 일본 음식을 직접 만들어볼 수 있는 워크숍, 일본 만화책과 캐릭터 장난감을 판매하는 열린 장이 열린다. 사케를 마셔보는 기회도 빼 놓을 수 없다. 일본 문화를 좋아하는 독일인이 이렇게 많았던가 싶을 정도로 아주 많은 사람들이 이 축제를 보기 위해 뒤셀도르프를 방문하는 것이 신기할 따름이다. 그날 밤 8시에는 뒤셀도르프를 가로지르는 라인 강에서 화려한 불꽃 축제가 펼쳐진다. 불꽃 축제를 보고 있노라면, 학창 시절 여의도 공원에서 보던 세계 불꽃 축제가 생각나기도 했다. 그리고 조금은 이 일본의 날이라는 축제가 질투가 났다. 하여튼 일본 사람들은 본인들의 문화를 전파하고 홍보하는 데에는 언제나 우리보다 한발 앞선 것 같다.

쾰른의 독특한 아이러니
- 보수적 얼굴, 가톨릭 대성당 VS 동성 연애자의 천국

쾰른이 세계적으로 유명한 이유는 유네스코 문화 유산으로 등록된 대성당이 단연 1순위일 것이다. 그러나 그보다 조금 더 비공식적으로는 동성 연애자의 천국이라는 이유도 있다. 대성당이 주는 보수적인 종교의 이미지와 동성 연애자 천국이라는 별명이 완전 상반되는 것이 참 모순적이다. 하지만 또 이런 모순적인 자유로움이야 말로 쾰른을 대표하는 가장 적절한 수식어가 아닐까 싶다.

뮌헨 사람들이 자신의 도시에 가지는 자부심은 비교도 안 될 정도로 쾰른 사람들의 자부심은 엄청나다. 쾰른 출신의 사람에게 물으면 단연 쾰른이 독일 최고의 도시라고 스스럼없이 주장할 것이다. 부유하고 자유로우며 가장 멋진 사람들이 살고 있는 도시라며 말이다. 고작 30분 거리에 있는 뒤셀도르프 사람들은 괜히 콧대만 높고 '척'만 하는 꼰대들이라고 놀려대고 뮌헨 사람들은 앞뒤 꽉 막힌 보수집단, 동독 사람들은 가난한 힙스터라고 거침없이 비판을 해대며 쾰른이야말로 모든 면에서 가장 쿨한 곳이라고 자랑을 해댄다. 그런데 신기한 것은 이 자랑이 전혀 듣기 싫지 않다는 점이다. 오히려 그 당당함과 자부심에 드는 사람이 홀딱 반해 버릴 지경이다. 카니발을 준비하느라 일 년 중 한 분기를 쏟아 붓지만 또 한편으로는 누구보다 열심히 일하고 놀며, 보수의 가치는 지키되 다양성은 적극적으로 인정하는 쾰른 사람들 속에 나도 소속되고 싶어진다.

　쾰른이 동성연애자의 천국이 된 것은 크리스토퍼 스트릿 데이(Christopher Street Day)라고 불리는 콜론 프라이드(Cologne Pride) 축제의 영향이 크다. 크리스토퍼 스트릿 데이는 뉴욕에서 처음 시작해 유럽으로 넘어 왔다. 이는 독일에서 가장 큰 규모의 게이, 레즈비언 이벤트로 약 1주일 간 진행된다. 화려한 핑크색 코스튬과 장식으로 한껏 꾸민 동성 연애자들이 거리를 행진하고 이 행사를 후원하는 카페나 바에서 오랜 시간 파티를 벌인다. 에이즈에 대한 올바른 교육과 치료를 돕는 후원금을 마련하기 위한 행사, 이성애자들과 평등하게 누리는 권리를 주장하는 운동을 펼치기도 한다. 라인 강을 마주한 호헨촐레른 다리(Hohenzollernbrücke)에서는 나치 정권 시절 박

해 받은 게이와 레즈비언을 추모하는 기념식도 열린다.

2017년 독일 연방 정부가 마침내 동성 결혼을 합법화 하기로 공표했다. 이 해에 열린 쾰른 퍼레이드는 그 어느 때보다 화려하고 클 수밖에 없었다. 수십만 명의 사람들이 쾰른 시내에 모여 '모두를 위한 결혼', '국가가 Yes라고 말했다', '결혼은 사랑으로 이루어지는 것이지 성별로 이루어지는 것이 아니다', '사랑이 이겼다' 등 국가의 결정을 환영하는 각종 플랜카드를 높이 들고 축하 행진을 벌였다. 심지어 이 해에는 독일의 법무 장관이 "더 이상의 차별은 없습니다"라는 말과 함께 직접 행사 개막을 알려 많은 동성연애자들이 눈물을 흘리게 만들었다.

쾰른에 대한 다른 어떤 이야기보다 이 동성 연애자 문화를 먼저 꺼내놓은 것은, 이것이야 말로 쾰른의 열린 문화를 가장 잘 보여주는 예이기 때문이다. 정말 신기하게도 쾰른에 놀러 갈 때마다 가장 많이 느끼게 되는 것은 쾰른 사람들의 태도였다. 낯선 사람에게 말을 쉽사리 걸지 않고 언제나 무뚝뚝하다고 느껴지는 다른 독일 지역 사람들과는 달리 쾰른 사람들은 처음부터 적대감이 느껴지지 않는다. 바에서 일하는 웨이터부터 스포츠 바에서 맥주를 마시고 있는 젊은 사람들, 카페에 앉아 신문을 읽는 할아버지 할머니조차 누군가 옆자리에 앉으면 어제 본 친구처럼 편하게 말을 걸어줄 것 같은 사람들이었다. 이런 건 미국 캘리포니아에서나 느껴볼 법한 친근감이었는데 쾰른 사람들이 어떻게 이렇게 사교적이고 개방적인 성향을 가지게 된 걸까 궁금했다. 쾰른은 역사적으로 다양한 민족 집단이 모여 살게된 도시였다. 더불어 중세 시대 독일에서 가장 큰 무역 중심지로 성장하며 주변 도시와 국가에서 사공, 상인, 수공가, 순례자 등이 많이 유입되었다고 한다. 그래서 혹자는 이러한 이유 때문에 쾰른 사람들이 외국인이나 타인에 대한 관용이 다른 독일 지역 사람들보다 더 높은 것이라고 주장하기도 한다.

쾰른 대성당은 언제 보아도 장엄하다. 5천 원 정도를 주고 1,000개가 넘는 계단을 오르면 성당 꼭대기를 방문할 수 있다. 좁고 경사가 높은 계단을 헉헉거리고 오르는 중에 맞은 편에서 땀을 뻘뻘 흘리며 내려오는 남자를 한 명 보고 미소를 지었다. 그 남자는 '정말 미안하지만 여기서 5분만 쉬어도 되겠냐'고 양해를 구했다. 계단이 너무 좁아 누군가 한 명 옆으로 비켜 주지 않고서는 오고 갈 수 없었지만 한 쪽으로 비켜서기에도 당장은 너무 힘이 든 모양이었다. 그 남자는 캐나다 사람이었는데, 쾰른 대성당에 와 보는 것이 버킷리스트 중 하나였다고 했다. 자신이 36년을 산 평생 동안 오른 계단을 다 합쳐도 오늘 하루 오른 계단을 다 못 채울 거라며 오늘 자신이 얼마나 스스로 대견한지를 신이 나서 내게 이야기 해주는 것이었다. 그러면서도 내게 '앞으로 너도 계단을 오르는 동안 약 세 번의 고비를 더 맞게 될 거야. 절대 포기하지 말고 끝까지 올라가. 꼭대기의 전망은 진짜 최고야!!'라며 응원의 메시지도 잊지 않았다. 어찌나 그 남자가 재미있던지 정말 저 남자, 쾰른과 잘 어울린다라는 생각이 마구 들었다. 그리고 그 남자의 말은 정확했다. 세 번의 고비를 지나서야 꼭대기에 다다를 수 있었고, 그곳에서 보는 광경은 정말 멋있었다. 머리를 한없이 쳐대는 강한 바람을 맞으며 독일에서 가장 높은 성당에 있다는 생각을 하니, 한 것은 없지만 이제껏 잘 살아온 내가 자랑스러운 마음도 조금 들었다.

쾰른은 문화와 예술의 중심지이기도 하다. 중앙역 근처에서부터 크

고 멋있는 박물관이 도시 곳곳에 자리하고 있다. 건물 외관만 봐도 박물관이라는 것을 한 눈에 알 수 있는 루드비히 박물관은 너무도 유명한 피카소와 워홀, 리히텐슈타인 같은 예술가들의 작품을 소장하고 있다. 로마-독일 박물관, 발라프 리히아르츠 박물관도 예술이나 역사를 좋아하는 사람이라면 입장료가 조금도 아깝지 않을 곳이다. 박물관에 가면 30분이 안되어 몸이 조금씩 꼬이기 시작 하는 나에게 가장 안성 맞춤인 곳이 한 곳 있었다. 바로 초콜릿 박물관이다. 이곳은 스위스의 유명 초콜릿 브랜드인 린츠사가 만든 곳으로 커다란 선박 모양을 한 특별한 외관을 자랑한다. 독일에서 가장 많은 방문객이 다녀가는 박물관 중 하나라고 하는데, 남녀노소 초콜릿을 싫어하는 사람이 과연 몇 명이나 될까 생각하면 금세 이해가 된다. 이 박물관은 입장료가 얼마가 되었든 놓칠 수 없다는 심정에 한걸음에 달려갔다. 3층 높이의 커다란 박물관 안에는 아즈텍에서 시작해 3,000년이 넘는 초콜릿의 역사는 물론 100,000가지 가까이 되는 다양한 초콜릿, 초콜릿이 만들어지는 전 공정 과정을 자세히 보여준다. 박물관에 입장하는 순간부터 초콜릿의 깊은 향이 코를 찔러 온몸을 자극하는데, 챙겨온 초콜릿이 없다고 걱정할 필요 없다. 박물관의 하이라이터인 3미터 높이의 거대한 초콜릿 분수를 지나가면 그 끝에 서있는 린츠 초콜릿 직원 아주머니, 아저씨가 방금 초콜릿 분수에 찍어낸 와플과 린츠 초콜릿 몇 가지를 한 손 가득 쥐어주시니 말이다. 구경을 모두 마친 뒤 박물관에 있는 그랜드 카페에서 진한 핫 초콜릿 한 잔과 초콜릿 케이크를 먹으면 당 충전은 완벽하게 끝난다.

베토벤의 고향, 역사의 집합체 본

　얼마 전 방송에서 누군가 "우리 시대 때는 본이 독일의 수도였지, 아마?"라고 하는 말을 듣고 아차 싶었다. 나는 언제나 베를린을 독일의 수도로 자연스럽게 여겨왔을 뿐, 서독과 동독이 통일되기 전까지 독일의 모습에 대해서는 별달리 생각해보지 않았기 때문이다. 생각해보면 독일은 내가 태어난 후에도 본을 수도로 두고 있었다. 본은 독일의 오래된 옛 수도이자, 독일에서 가장 오래된 도시, 그리고 독일의 자랑인 루드비히 반 베토벤이 태어난 곳이다. 그래서 그만큼 서독의 특징이 가장 잘 드러나는 곳이기도 하다.

　본의 구시가지는 옛 수도치고는 작고 단출한 편이다. 시내에 놀러 왔다가 이런 작은 모습에 실망을 하고 돌아가는 관광객들도 여러 차례 목격했는데 본의 숨겨진 매력을 제대로 보지 못한 것 같아 안타까웠다. 베토벤이 살았던 생가 역시 밖에서 보면 그저 오래된 아파트처럼 보이지만 그 안을 들어가면 그가 직접 사용한 물건, 편지, 작곡한 악보와 피아노, 악기들까지 당시 모습 그대로 보존되어 있어 시간 여행을 한 것 같은 착각을 불러일으킨다. 클래식 음악에 대한 조예가 깊지 않아도 베토벤의 음악을 한 번쯤 들어보고 자란 사람이라면 그가 살았던 공간에 잠시 머물다 가는 것만으로도 큰 영감을 받을 수 있다.

　본 시가지에는 다양한 박물관이 오밀조밀 모여있다. 참고로 벚꽃이 만개하는 4월 말부터 5월이 본이 가장 아름답게 빛나는 시기이다. 한국에서 본 무수한 벚꽃만큼은 아닐지라도 한적하고 고요한 본 도시에 흩뿌리듯 떨어지는 분홍 벚꽃을 맞으면 금세 마음이 행복해진다. 그런 본의 박물관 중 가장 흥미로운 곳은 역사의 집(Haus der Geschichte)이다. 1994년에 처음 문을 연 이 박물관은 1945년, 즉 세계 2차 대전 이후부터 오늘까지 독일 역사에 관한 전시품을 보여준다. 특히 서독과 동독으로 분단되었던 독일의 역사와 관련된 다양한 전시품이 흥미롭다. 단순히 전시품만 나열해 놓지 않고 영상과 음향 시설을 곳곳에 배치해 전시품에 대해 보다 깊이 있는 정보를 얻을 수 있도록 구성한 것이 가장 마음에 들었다.

라인 강, 코블렌츠의 도이치에크(Deutsches Eck, 독일의 모퉁이)

라인 강, 쾰른의 비취 클럽(Beach Clubs)

내가 가장 사랑하는 본은 넓게 펼쳐진 라인 강을 따라 만끽하는 도시 풍경이다. 눈 앞에 걸림돌 하나 없이 뻥 뚫린 길을 흐르는 강을 보면 2시간, 3시간을 걸어도 지치지 않는다. 자전거를 타는 사람들, 손을 잡고 걷는 노부부들과 함께 음악을 들으며 강을 걷다 보면 잡생각이 다 사라지는 것 같다. 한참을 동쪽을 향해 걷다 보면 커다란 일본 공원이 나오고 그 길을 따라 또 조금 더 걸으면 쾨니히빈터(Königswinter)라는 작은 근교 도시가 나온다. 고백하자면 나는 본 보다는 이 쾨니히빈터에 더 큰 애착이 간다.

쾨니히빈터를 좋아하는 이유는 독일의 성 치고는 조금 우스꽝스러우면서도 괜히 정이 가는 드라헨부르크(Drachenburg), 바로 '용의 성' 때문이다. 수많은 이름 중에 하필 용의 성이라니 진지한 독일인들과는 참으로 어울리지 않는다. 성이 용처럼 생겨서 그런 이름이 붙은게 아니라, 알고 보니 성이 드래곤의 바위(Drachenfels)라 불리는 작은 산 정상에 지어졌기 때문이라고 한다. 게르만 민족의 신화와 전설이 담긴 영웅 서사시 〈니벨룽겐〉에 따르면 게르만 신화 영웅인 지크프리트가 파프니르라는 사악한 용을 바로 이 드래곤의 바위에서 무찌르고 용의 피로 목욕을 하여 불사조가 되었다고 한다. 이 신화만으로도 한 번은 방문하고 싶은 욕구가 생긴다.

드라헨부르크는 짧은 기간에 아주 많은 변화를 겪었다. 1884년에 처음 지어졌을 때는 사유 빌라로 사용되었다가 이내 박물관으로 용도가 변경 되었다. 이후 나치 정권에서 고위 공직자의 자녀들을 위한 카톨릭 기숙학교로 탈바꿈하며 '아돌프 히틀러 학교'라는 별명을 얻었다. 세계 2차 대전 이후 미국 연합군이 이 성을 전쟁 난민을 위한 임시 거처지로 이용하였고 이후에도 박물관, 노숙자 보호소 등 격변을 겪다가, 2010년이 되어서야 다시 지금의 성의 모습으로 완공되어 시민들에게 개방되었다. 이 성이 다시 재건될 수 있도록 자금 지원을 한 것은 바로 본에 있는 펍 주인 슈테판 자르터라는 사람이었다. 그래서 재건된 드래곤 성의 벽 한쪽에는 슈테판의

드라헨부르크(Drachenburg)

모습을 한 중세 기사가 자태를 뽐내고 있다.

쾨니히빈터 기차역에서 성까지는 약 40분 정도 등산길이 이어진다. 300미터 밖에 되지 않는 낮은 산인데 경사가 조금 높아 처음 오르는 길에는 숨을 헐떡거리게 된다. 이 산은 고대 화산에 의해 형성되었고 로마 시절에는 조면암을 채석하는 용도로 사용되었단다. 이곳에서 채석된 조면암이 쾰른 대성당을 짓는데 쓰였다는 사실을 아는 사람은 많지 않다. 현재는 등산객과 드래곤 성 방문객, 라인 강을 따라 트래킹을 하는 사람들을 맞이하는 멋진 등산로 역할을 하고 있다. 꼭대기까지 오르는 길에는 지루할 틈이 없게 아기자기한 작은 집들이 줄지어 방문객을 반긴다. 어찌나 집을 잘 꾸몄는지 집 밖을 장식한 꽃과 작은 소품, 인형들을 구경하는 것만도 재미있다. 어떤 집은 아예 방문객들을 위해 온갖 골동품을 마당에 모아 전시해놓고 안에 들어와 구경하고 가라는 표지판도 붙여 놓았다. 가격표는 쓰어 있지 않지만 손님이 원하면 주인장과 이야기해 전시된 골동품을 구매할 수도 있다.

성 안에는 굳이 들어가지 않아도 충분하다. 하이라이트는 성에서 약 10분 정도 더 올라가면 위치한 바위와 폐허가 된 옛 성의 흔적이기 때문이다. 높고 뾰족한 바위 위에 올라가 발밑 끝에 보이는 라인 강과 맞은 편의 마을을 보고 강바람을 맞는 것만큼 기분 좋은 일도 없다. 운이 좋으면 날씨가 화창한 날에 멀리 우뚝 솟아 있는 쾰른 대성당도 볼 수 있다. 물론 독일 어딜 가든 산의 꼭대기에는 반드시 맥주를 파는 레스토랑이 있다. 원하는 만큼 실컷 산 정상의 아름다운 경치와 드래곤 성의 기운을 잔뜩 받고 레스토랑으로 향하면 된다.

☑ 졸베라인(Zollverein)

웹사이트   zollverein.de

주소   UNESCO—Welterbe Zollverein,
            Gelsenkirchener Str. 181, 45309, Essen
            ⓖ 51.486473, 7.044725

☑ 발데나이 호수와 빌라 휘겔
   (Baldeneysee and Villa Hügel)

웹사이트   villahuegel.de

주소   Hügel 15, 45133 Essen
            ⓖ 51.406765, 7.008852

☑ 카페 미아마미아(Miamamia)

웹사이트   miamamia.de

주소   Rüttenscheider Str. 74A, 45130 Essen
            ⓖ 51.436761, 7.005160

☑ 그루가공원(Grugapark)

웹사이트   grugapark.de

주소   Virchowstraße 167a, 45131 Essen
            ⓖ 51.429192, 6.988184

☑ 드라헨부르크
   (Drachenburg, 드래곤 바위와 드래곤 성)

웹사이트   schloss—drachenburg.de

주소   Drachenfelsstraße 118, 53639 Königswinter
            ⓖ 50.6686658, 7.206376

☑ 타쿠미(Takumi, 일본 라면 전문점)

주소   Immermannstraße 28, 40210 Düsseldorf
            ⓖ 51.223614, 6.788802

☑ 브라우슈텔레(Braustelle, 쾰른의 맥주 & 레스토랑)

주소   Christianstraße 2, 50825 Köln
            ⓖ 50.953829, 6.910765

☑ 초콜릿 박물관

웹사이트   schokoladenmuseum.de

주소   Am Schokoladenmuseum 1A, 50678 Köln
            ⓖ 50.932669, 6.964323

☑ 임푹쉔(Brewery im Füchschen,
   뒤셀도르프 알트비어 양조장 & 레스토랑)

웹사이트   fuechschen.de

주소   Ratinger Str. 28, 40213 Düsseldorf
            ⓖ 51.229565, 6.775222

남부 지역

싱가포르에서 4년 넘게 박사로 일하며 살고 있는 독일인 친구가 있다. 그 친구는 독일 뮌헨 출신이었는데 독일을 한번 떠난 이후로는 나처럼 계속 해외 떠돌이 생활을 하고 있었다. 다만 1년에 3개월 정도는 꼭 독일 뮌헨에 있는 연구소에서 연구 결과를 보고·발표해야 해서 그 기간에만 나와 독일 추억 놀이를 만끽하다 다시 싱가폴로 떠나는 일을 반복했다. 우리가 서로 단기 룸메이트로 처음 만나던 날 친구는 이렇게 말했다. "나래야 너는 뮌헨이 좋아? 난 뮌헨 사람들이 정말 별로 인 것 같아! 특히 싱가폴에 살다 와 보니 더 싫어졌어. 친구를 사귀기도 너무 어렵고, 사람들은 정말 콧대 높고 차갑기만 하고. 또, 보수적이니 말이야. 젊은 사람들이 더 많이 해외에 나가서 타인들과 열린 마음으로 소통하는 법을 배워야 한다고 생각해." 프랑크푸르트 출신 남자친구도 비슷한 이야기를 했었다. 뮌헨이 깨끗하고 월급이 높긴 해도 사람들이 싫어 뮌헨에 살고 싶지는 않다는 의견이었다. 깨끗하고 부유하고 콧대 높은 사람들이 싫다니, 한국으로 치면 강북 사람들이 강남 사람들에게 느끼는 감정과 비슷한 걸까 궁금했다.

솔직히 나는 언제나 멋있고 깔끔하게 차려입고, 불필요하게 다른 사람에게 친절을 베풀지 않는 뮌헨 사람들이 세련되어 보인다고 생각했었다. 일요일 오전에 빵집을 가더라도 절대 파자마나 운동복에 슬리퍼를 신은 허술한 모습으로 가지 않고 적어도 청바지에 티셔츠를 입고 가는 주민들. 쇼핑을 갈 때는 꼭 재활용 쇼핑백을 챙겨가고, 다른 어느 도시보다 친환경 제품을 애용하며 질서와 규칙을 끔찍이 생각하고 전통의 가치를 높게 여기는 사람들. 독일 맥주와 소시지에 대한 자부심은 높이 갖되, 나치 역사에 대한 부끄러움도 잊지 않는 상식적이고 합리적인 시민들. 이것이 내가 뮌헨 사람들을 볼 때 느끼는 인상이었다. 그래서 뮌헨에 온지 얼마 되지 않았을 때는 참 친구들이 별나게 뮌헨 사람들을 질투하는 것이 아닐까 생각했었다.

그러나 쾰른, 베를린, 함부르크처럼 보다 자유 분방하고 개방적인 도시에서 살아본 경험이 있는 사람이면 금세 뮌헨 사람들의 차이를 알게 된다. 한번은 뮌헨의 친구가 북부로 이사 간 나를 만나기 위해 쾰른까지 날아온 적이 있었다. 호프 집에 도착하여 자리에 앉자 마자 주문도 하기 전이었다. 웨이터 아저씨가 한껏 쾌활한 모습으로 우리 테이블에 날아와 쾰시 두 잔을 딱 놓아 주는 것이었다. 친구는 "아저씨 죄송합니다만 저는 맥주를 마시지 않아요. 저는 대신에 와인과 탄산수 한 잔 주세요."라고 정중히 거절했다. 그러자 웨이터 아저씨는 화통하게 웃으며 "쾰른 호프집에 와서 와인을 달라고요? 아가씨는 120% 뮌헨에서 온 것 같구만! 그래도 여기서는 양보할 수 없어. 우리 집에 온 이상 쾰시 한 잔은 꼭 마셔야 해요. 이거 다 마시면 와인 가져다 줄게요."라고 친구를 설득했다. 어찌나 아저씨가 열정적이고 친근하게 쾰시를 먹어보라고 권유하던지 평소라면 절대 맥주를 마시지 않을 그 친구는 결국 아저씨 성화에 못 이겨 맥주를 다 마셔버리고 말았다. 아저씨의 이런 허물없는 소통과 서비스는 친구에게 참 익숙하지 않은 것이었다. 그렇게 한 잔을 마시고 다른 테이블을 둘러보는 차에 멀끔하게 생긴 두 명의 독일 남자가 우리 테이블로 다가왔다. 그 남자는 너무나 자연스럽게 의자를 끌고 와 앉아서는 어느 도시에서 왔는지, 우리는 서로 어떻게 친구가 된 건지를 묻더니 자신의 친구들이 저 뒤 테이블에 있으니 혹시라도 맥주를 마시다 심심하면 그 테이블로 오라고 산뜻한 초대를 하곤 다시 본인의 자리로 돌아갔다. 그리고 몇 분 뒤 웨이터 아저씨는 방금 전 왔다 갔던 남자가 맥주 두 잔을 전달해 달라고 했다며 공짜 술이니 더 맛있게 마시라는 말을 덧붙이곤 또 다시 두 잔의 쾰시를 테이블 위에 놓고 가는 것이었다. 나랑 친구는 그 상황이 너무나 재미있고 즐거운 나머지 서로를 바라보다 깔깔 웃어댔다. 그 친구는 빨갛게 상기된 얼굴로 "나래야, 나 33년 살면서 뮌헨에서 누가 나한테 이렇게 맥주를 사 준 일은커녕 말한 번 시켜본 적 없었던 거 알아? 나 진짜 쾰른에서 사랑에 빠질 것 같아. 이 도시 너~무 좋아!!!! 이래서 사람들이 뮌헨 사람들보고 콧대 높고 친구하기 어렵다는 건가 봐. 여기는 모르는 사람들이랑 아무렇지 않게 다 친구가 될 수 있을 것 같지 않니? 뮌헨에 있는 남자들은 바보 같이 만날 멀리서 바라보기만 하고 가버리잖아."라고 신이 나서 말했다. 정말 사실이었다. 뮌헨에서는 클럽에서조차 먼저 말을 거는 남자나 여자를 만나기가 하늘의 별 따기였다. 모두가 술잔을 하나 들고 사냥하듯 이성을 지켜보기만 할 뿐, 이렇게 편안하고 자연스럽게 낯선 사람들과 대화하는 분위기는 찾아보기 힘들었다.

한 번은 뮌헨의 트램(전차) 정거장에서 전차를 기다리며 서 있는데 내 옆에서 함께 열차를 기다리던 여자의 빨간 구두가 너무 예뻐 나도 모르게 '구두가 정말 너무 예뻐요!'라고 칭찬한 적이 있었다. 아주 추운 겨울이었는데 검정색이나 갈색 신발을 제외한 색의 구두를 너무 오랜만에 봐서였는지, 아니면 그 여자가 그냥 전체적으로 너무 멋있어서였는지 입이 자연스럽게 움직였던 것 같다. 그러나 그 여자는 그저 '저 아세요?' 하는 얼굴로 내 얼굴을 멀뚱멀뚱하게 바라볼 뿐 아무 말도 하지 않고 더 먼 곳으로 발걸음을 옮길 뿐이었다. 과장된 해석일지 모르지만 이 이야기를 들은 동료들은 그 콧대 높은 뮌헨 여자에게 웬 듣도 보도 못한 아시아 여자가 구두가 예쁘다고 영어로 이야기하니 '이 아시아 여자 혹시 레즈비언인가? 왜 날 알지도 못하는 데 구두 이야기를 하는 거지?'라고 생각했을 확률이 다분히 높을거란다. 흥, 고맙다고 한 마디만 해주면 될 걸 참 비싸게도 군다 싶었다. (다시 생각해보니 한국에서도 아마 내가 이렇게 말을 걸면 다들 어색함에 몸서리 치다 조용히 자리를 뜰 것 같다.)

독일의 타 도시 사람들이 바이에른 주, 그중 특히 뮌헨 사람들에게 가지는 인상이나 편견은 대개 이렇다. 독일에서 가장 카톨릭 성향이 짙고, 보수적이며, 옛날부터 가장 부유한 지역 중 하나라는 것이다. 그런 인식 때문인지는 몰라도 다들 콧대가 높고 차갑다고 여긴다. 또한, 정치적으로도 보수파가 우세한 적이 많았고 언제나 본인들이 경제력이 다른 도시들을 먹여 살린다며 불평이 많다고 생각한다. 그리고 돈이 많아서 좋은 축구선수들을 다 엄청난 연봉으로 스카우트 해 놓고는 본래 축구를 잘하는 것처럼 뽐낸다고 생각한다. 이런 인식 때문에 바이에른 축구 클럽도 싫다는 사람도 있었다. 휴가철만 되면 뮌헨 근교 호수에서 잔뜩 선탠을 하고 와선 그게 자랑인 양 뽐내고 하얀 소시지는 12시 전에 먹어야 한다는 말도 안 되는 규칙을 만들어 놓는데다, 교양 있는 척 하면서 외국인 이민자나 난민에 대한 적대심은 또 적나라하게 표현하는 위선적인 모습도 보인다는 인식도 있다. 이와 같은 인식들은 다른 도시의 독일 사람들로부터 가장 많이 들은 이야기를 바탕으로 기재했다. 심지어 인터넷이나 유튜브에 잠깐만 검색을 해봐도 이런 의견을 아주 쉽게 접할 수 있다.

뮌헨 사람들이 실제로 어떻든 나는 그래도 뮌헨과 바이에른 주를 깊이 애정했다. 내가 독일에 오기 전에 상상하고 그렸던 독일의 모습과 가장 잘 일치하는 곳이어서 처음부터 정이 갔다. 동화에 나오는 산속 깊은 곳의 화려한 성, 미세먼지가 들어올 구멍이 하나도 없을 것처럼 청량한 공기, 알프스 산맥과 그 주변의 아름다운 호수들, 그리고 전통적인 나무 골조 건축 양식의 집까지. 이것이야 말로 미디어에서 보던 독일의 모습이었다. 심지어 보수적이라고 하는 뮌헨의 사람들마저 이 예스러운 도시의 매력과 어울려 보였다.

뮌헨의 대표적인 관광지는 일곱 곳의 유명한 비어가든과 그 옆을 흐르는 이자 강, 시내 중심에 우뚝 서있는 시청과 그 꼭대기에서 울리는 장난감 종, 그리고 잉글리시 가든이라는 독일 최대 규모의 공원이다. 날이 좋은 봄부터 가을까지 뮌헨의 하루 관광은 이 네 곳의 목적지로만 채워도 충분하다. 관광객들은 매일 오전 11시에 울리는 시청의 글로켄슈필(Glockenspiel, 장난감 종)을 보기 위해 아침부터 분주히 시내를 나간다. 이 종은 1907년에 새롭게 지어진 신 시청 건물 꼭대기 부분에 2단으로 만들어졌다. 일반 교회에서 울리는 종 대신 손바닥만한 작은 모형 장난감들이 화려한 옷을 입고 원을 그리며 행진을 하고 춤을 춘다. 장난감들은 왕족 가문의 성대한 결혼식과 말을 타고 벌이는 토너먼트, 의례적인 춤을 보여준다. 약 15분, 43번의 종이 울리는 시간 동안 화려한 동작으로 눈길을 빼앗는 이 장난감들을 보기 위해 참 많은 관광객들이 몰려든다. 별 것 아닌 것 같다가도, 한 번 보면 나도 모르게 그 앙증맞은 인형들의 움직임에 빠져드는 걸 보면 보통 매력은 아닌 것 같다.

인형극 관람을 마쳤다면 커다란 버터 브레첼과 맥주 한 잔을 들고 이자 강으로 향하면 된다. 이자 강은 폭이 한강에 비하면 아주 작은 강인데 뮌헨을 세로로 쭉 가로지르고 있어 어딜 가든 한 번은 마주하게 된다. 이자 강을 따라 남쪽 끝에는 뮌헨의 대표 동물원이 자리잡고 있고, 그 위를 따라가면 박물관과 전시관, 맥주 양조장, 그리고 북쪽에는 잉글리시 가든이 있다. 자전거를 타고 강 옆을 천천히 달려가기만 해도 시내의 멋을 한번에 만끽할 수 있어 좋다. 이 이자 강이 특별히 유명한 이유 중 하나는 바로 '누드' 스팟 때문이다. 독일에서는 알몸 수영장이나 사우나가 비교적 흔한 편이지만, 고작 10년 전까지만 해도 뮌헨에서 공원이나 강 같은 야외 열린 공간에서 알몸으로 선탠, 수영을 하는 사람을 보는 것은 아주 어려운 일이었다. 기껏해야 북부 해변 도시 질트나 베를린에서 볼 수 있었던 시기였기 때문이다. 이런 뮌헨에서 2013년 몇몇 공간에서 나체로 있는 것을 합법화하면서 금세 대중적 인기를 끌기 시작했다. 이자 강의 중간쯤이 되는 지점에 모래 사장이 강 중반부까지 넓게 펼쳐진 곳이 있다. 바로 이곳이 누드 스팟으로 사랑 받는 곳이다. 이곳에 가면 할머니부터 할아버지까지 알몸으로 선탠을 하고 수영을 하다 다시 돌아와 맥주를 시원하게 들이키는 모습을 심심치 않게 볼 수 있다.

휴식을 원한다면 잉글리시 가든을 추천한다. 잉글리시 가든에 책 한 권을 들고 가서 읽다가, 지치면 눈을 좀 붙이고, 다시 일어나 공원을 한 바퀴 쭉 돌아보는 것이야 말로 오후 시간을 보내는 최고의 방법이다. 잉글리시 가든이 워낙 규모가 크다 보니 끝에서 끝을 완전히 다 돌아보는 데만 해도 두 시간은 걸린다. 이 공원에는 말을 탈 수 있는 흙길도 마련되어 있어 승마하는 사람들을 자주 볼 수 있다. 아, 물론 조심하지 않으면 자칫 거대한 말똥에 내 소중한 신발이 빠질 수 있는 확률도 굉장히 높다. 개똥은 참 잘 치우는 독일인이지만 공원 내 말똥은 양심 없이 참 잘도 놔두고 가니 말이다. 잉글리시 가든의 중심부에는 커다란 중국식 타워가 랜드마크로 자리하고 있다. 한국 타워도 아닌데 괜히 그 근처를 가면 익숙한 아시아 문화의 건축물이라는 이유 하나만으로도 반가운 마음이 든다. 그리고 중국 타워 바로 밑에 자리한 비어가든은 언제나 공원을 산책하는 사람들로 붐빈다. 호프브로이처럼 양조장에서 직접 운영하는 유명 비어가든이 너무 복잡해 싫은 사람이라면, 공원 한가운데 평화롭게 자리잡고 있는 비어가든을 방문해보는 것도 색다른 경험이 될 것이다.

히어시가르텐 비어가든
(Hirschgarten Biergarten)

맥주와 비어가든을 사랑하는 사람이 꼭 가보아야 하는 또 하나의 비어가든은 뮌헨 중심가에서 약간 떨어져있는 서쪽 지역 라임(Laim)에 있는 히어시가르텐 비어가든(Hirschgarten Biergarten)이다. 한국인 관광객에게 너무나 잘 알려진 호프브로이나 폴라너보다는 인지도가 낮지만, 사실 히어시가르텐이야말로 뮌헨에서 가장 큰 규모를 자랑한다. 커다란 공원 서쪽 입구에 자리 잡은 이 비어가르텐은 8,000개가 넘는 좌석을 보유하고 있어 아무리 번잡한 시간에 가도 내가 앉을 자리는 언제나 나를 맞이해준다. 근처에 사는 사람들은 눈이 녹는 겨울 끝자락에 공원을 거닐다 언제쯤이면 이 비어가든이 문을 열까 궁금해하며 꼭 한번씩 이곳을 들러 개점 날짜를 확인하곤 한다.

이곳은 비어가든이 갖추어야 할 자격을 아주 모범적으로 갖추고 있다. 긴긴 맥주 테이블이 자리잡은 아래에는 굵은 자갈돌이 넓게 깔려 있고, 머리 위는 옆에 심어진 커다란 카스타니아 밤 나무가 커다란 그늘을 마련해 준다. 가장 큰 나무 한편에는 독일어로 된 표지판 하나가 비어가든에 대해 친절히 설명해준다. '전통적으로 비어가든에서 마시는 모든 음료는 비어가든에서 구매한 것만 허용이 됩니다. 그렇지만 음식은 얼마든지 외부에서 가져와 드셔도 됩니다!'라고 말이다. 규모가 워낙 크고 방문객이 많다 보니 이곳의 맥주 머그잔은 100% 셀프 서비스로 제공 된다. 음식 판매대 옆 쪽에는 우리가 중고등학교에서나 보았을 법한 커다란 수돗가가 자리하는데 이곳에서 한편에 쌓여있는 맥주 머그잔을 하나 집어 직접 깨끗이 행군 뒤 맥주를 받으러 가면 된다. 역시 합리적인 시스템이다. 참고로 이곳에서 제공되는 맥주는 아우구스티너 양조장 맥주다.

히어시가르텐 공원을 만끽할 수 있는 방법은 역시 독일인의 사랑, 자전거다. 공원이 워낙 방대하고 곳곳에 볼 거리가 많다 보니 완벽히 산책하려면 오랜 시간이 걸리기 때문이다. 자전거를 타고 비어가든 옆을 조금만 지나면 사슴 공원이 있다. 우리 밖에 쌓여있는 풀을 하나 집어 철조망 사이로 사슴에게 들이 밀면 어느덧 서너 마리가 몰려와 편안한 모습으로 내가 주는 풀을 잘근잘근 씹어 먹는다. 흥미롭게도 이 공원은 1790년대 사슴 사냥터로 쓰였단다. 그전에는 당시 귀족들에게 인기 있었던 비단을 만들기 위해 누에 고치를 기르도록 많은 양의 나무를 심었지만 수익성이 좋지 않아 이내 아이디어를 접어야 했다. 사슴 사냥터는 추후 시민들에게 개방된 사슴 공원으로 탈바꿈하였고 비어가든도 한편에 마련되었다. 세계 2차 대전이 발발할 때까지 이 공원의 사슴들은 여기저기를 마음껏 뛰어 다니며 사람들과 교류했다고 한다. 전쟁 후 도시 재건 계획 중 하나로 공원이 다시 재정비 되어 뮌헨 사람들의 쉼터이자 자랑스런 비어가든 공원으로 자리하고 있다.

이 비어가든에 올 때마다 내가 즐겨 먹던 음식이 있다. 어떤 비어가든에 가든지 대개 소시지와 감자 샐러드, 돼지고기 구이, 브레첼 정도가 판매되는데, 히어시가르텐에는 사슴 공장과 비어가든 사이에서 직접 그릴에 구운 고등어 꼬치 구이를 판매하는 아저씨와 아주머니가 계신다. 독일에서 고등어라니! 게다가 살만 발라 후라이 팬에 구워 놓고 20유로를 받는 생선이 아니라, 단돈 4유로 50센트에 고등어를 통째로 먹을 수 있게 준비된다. 이는 생선을 사랑하는 한국인으로서 놓칠 수 없는 기회였다. 뼈째 먹는 생선을 좋아하지 않는 독일인들이지만, 고등어는 북해에서 많이 잡혀 북쪽 지방 사람들이 즐겨 먹는 음식 중 하나였단다. 생선과 맥주는 어쩐지 어울릴 것 같지 않지만, 꼬치에 끼워진 고등어를 한 입 당차게 베어 물면 음료는 뭐가 되었든 상관없단 마음가짐이 생긴다.

히어시가르텐 비어가든(Hirschgarten Biergarten)

시네마 뮌헨
(Cinema München)

'굳이 외국까지 가서 극장을 갈 일이 있나요?'라고 묻는 사람이 대다수일 테다. 그래도 나는 어느 도시를 가든 꼭 한 번은 그 지역의 극장을 방문했고, 좋아하는 단골 극장을 하나쯤은 만들어야 마음이 안정되었다. 비가 오거나 날씨가 너무 추운 날 집에서 노트북을 켜놓고 보는 영화보다는 그래도 다른 사람들 사이에 섞여 커다란 스크린에 나오는 영화 한 편이라도 보고 와야 그날 하루를 헛되이, 외롭게 보내지 않았다는 느낌이 들어서인지 모르겠다. 독일에서의 어려움이라면 오리지널 버전의 영화나 자막이 들어간 외국 영화를 상영해주는 곳이 극소수라는 점이다. 대개 영화관은 독일어로 더빙되어 나온다. 독일어 능력이 지금보다 백 배 뛰어난다 하더라도 나는 어쩐지 톰크루즈나 줄리아로버츠가 독일어를 유창하게 쏼라쏼라 거리는 모습을 보고 싶지 않다. 배우들의 목소리, 숨소리, 말투가 모두 하나로 완성되어야 그 메시지가 제대로 가슴에 닿는다고 생각하기 때문이다. 그래서 독일어가 전혀 어울리지 않는 프랑스 영화나 아시아 영화를 보고 싶을 때면 곧 죽어도 더빙 영화관으로는 갈 수 없게 됐다. 다행히 뮌헨에는 이런 갈증을 해소시켜주는 아주 귀여운 오리지널 영화관이 두 곳 있었다. 그중 시네마 뮌헨은 일주일에 한 번은 찾을 정도로 내 정신적 쉼터가 되어주는 곳이기도 했다.

옛스러움과 새로움이 공존하는 분위기 시네마 뮌헨은 독일 극장을 장악하고 있는 대형 멀티플렉스 프랜차이즈 극장이 아니다. 이곳은 입구조차 아주 작고, 카운터는 한 곳 밖에 없으며 상영관도 고작 세 개뿐이다. 로비에는 서서 음료를 마실 수 있는 스탠딩 테이블이 몇 개 있고 그 옆에는 앉을 수 있는 좌식 테이블이 또 서너 개 정도만 구비되어 있다. 건물 외관에서는 80년대 뉴욕에서나 볼 법한 네온사인이 귀엽게 극장 이름을 비춰준다. 영화가 상영되기 바로 전, 스크린을 덮고 있던 빨간색 커튼이 양쪽으로 걷힌다. 언제 이런 커튼을 마지막으로 봤을까 싶은 생각이 들기도 하고 영화가 아니라 라이브 연극을 보러 온 것 같은 착각마저 일으킨다. 이렇게 아날로그적인 분위기를 물씬 풍기지만, 이 극장은 최고의 음향 시설을 자랑하는 것으로 유명하다. 적어도 영화만큼은 제대로 보여주겠다는 의지다. 좌석 옵션은 딱 두 가지다. 2층의 발코니 석과 1층의 일반 좌석. 발코니 석에 앉으면 뮤지컬이나 오페라 홀에 온 것 같은 느낌도 든다. 중앙석이 아니라서 불편할 것 같지만 사실은 이 발코니 좌석이 2유로가 더 비싸다. 최고의 음향 시설을 더 잘 경험할 수 있고 팝콘이나 나초를 쩝쩝 먹어대는 다른 관객으로부터 완전히 격리되어 영화에 온전히 집중할 수 있어서다.

다양한 관람객 오리지널 버전 극장인 만큼 죄다 영어권 국가에서 온 관객이지 않을까 생각했는데 빗나간 예상이었다. 이 극장을 찾는 관객은 나이와 국적 모두 정말 다양하다. 영어권 국가는 물론, 독일 관객수도 절반이 넘고 스페인, 포르투갈, 아시아에서 온 관람객도 있다. 나처럼 혼자 온 사람들도 많아 편히 올 수 있는 환경이다. 사실 독일의 다른 대형 극장은 혼자 가는 것이 시네마 뮌헨보다 훨씬 어색하다. 혼자 오는 사람을 보는 일이 너무나 드물고 대개 90% 이상은 커플이 차지하고 있어서 얼굴이 두꺼운 나조차도 괜히 좀 위축되는 분위기다. 그러고 보면 혼자 밥 먹고 영화 보는 일인 생활이 트렌드처럼 흔해지는 한국에 비해, 오히려 독일은 개인주의적 성향이 강한 국가임에도 불구하고 혼자서 무언가를 하기 더 어색

한 분위기인 것 같다. 하지만 이 오리지널 시네마에는 혼자 오는 사람이 전혀 어색함을 느끼지 않는다. 게다가 혼자 가만히 영화 상영 시간을 기다리고 있으면 옆에 있던 그룹의 사람들이 자연스럽게 말을 걸기도 한다. 한 번은 혼자서 스타워즈를 보러 갔다가 얼결에 IT회사에서 왔다는 5명의 무리에 끼어 함께 영화를 보게 된 적도 있었다. 그래서인지 이 극장은 내가 '이곳에 자연스럽게 소속되어 있다는' 느낌을 준다.

좋은 가격 그리고 좋은 영화 선택권 독일도 영화 관람을 한 번 하려면 12유로는 기본으로 주어야 한다. 게다가 요즘 개봉하는 대부분의 블록버스터는 3D로 상영되어 값이 3-4유로 더 비싸다. 이 시네마 뮌헨은 시내 중심가에 있지만 여전히 10유로가 넘지 않는 좋은 가격에 영화를 볼 수 있다. 게다가 주말 첫 타임 상영은 '좋은 아침 가격'이라는 이름으로 6.50유로, 3D의 경우 8,60유로라는 큰 할인가를 제공한다. 첫 상영 타임이라고 해서 겁먹을 필요 없다. 우리나라처럼 오전 7시가 아니라 아무리 빨라도 고작해야 오전 10시정도일 뿐이다. 일요일에 천천히 일어나 늦게까지 아침을 먹는 독일인의 문화를 배려한 모양이다. 그러니 충분히 자고 일어나 커피 한 잔을 들고 영화관을 향하면 된다. 극장에서는 블록버스터 뿐 아니라 평소에 접하지 못했던 인디 영화나, 독일에서 유독 인기가 없는 로맨스 영화, 고전 영화까지 다양한 장르를 상영해준다. 거의 매주 상영 스케줄이 바뀌어서 자주 가도 문제될 것이 없다. 그렇게 찾던 우디앨런의 영화를 봤을 때의 감격이란! 엄청나게 수다스러운 우디 앨런의 영화를 독일어로 봤다면 아마 과부화로 30분 만에 극장을 나왔을지도 모를 일이다. 종종 판타지 영화, 호러 영화 페스티벌도 작게 진행하여 대중 영화에 대한 지루함도 없애준다.

님펜부르크
(Nymphenburg)

그렇다. 독일 성하면 가장 먼저 떠오르는 것은 월트 디즈니사의 배경 로고로 유명세를 탄 휘센의 노이슈반슈타인이다. 그 속에 아무것도 없을 것만 같은 자연 모습 그대로의 산 언저리에 홀로 우뚝 솟아 있는 성과 그 성을 더 신비롭게 만드는 자욱한 안개, 성에서 200m정도 떨어진 곳에 깊은 낭떠러지를 발 밑에 두고 지어진 마리아 다리(Marienbrücke). 이 세 가지가 매년 6백 만 명이 넘는 관광객을 불러오는 힘이다. 그러나 실제로 성 가까이 가보면 멀리서 보았던 그 모습보다는 훨씬 초라하고, 접근성도 좋지 않은 데다 입구에서부터 쏟아지는 관광객에 이리저리 치여 상상했던 감동보다는 짜증과 불편함이 사라락 올라오는 경험을 하게 된다. 성 안에 들어가려면 미리 인터넷으로 예약을 하거나 당일 매표소에서 30분이 넘게 줄을 선 뒤 운이 좋아야 두 시간 뒤에 시작되는 가이드 투어에 참여할 수 있어 기다림도 만만치 않다. 그래서인지 독일 현지 사람들은 노이슈반슈타인 성을 잘 방문하지 않는다. 오히려 관광객이 훨씬 적지만 아름다움과 지나온 역사가 더 깊은 도시의 성들을 아이들 두 손 꼭 잡고 찾아간다. 그중 하나가 뮌헨 서쪽에 위치한 님펜부르크(Nymphenburg)이다.

님펜부르크 성은 히어시가르텐 공원과도 거리가 아주 가까워 접근성도 좋다. 도시 안에 언제 이렇게 거대한 성이 자리잡고 있었는데 왜 몰랐을까 하는 의문이 들 정도로 그 주변은 언제나 고요하고 우아하다. 규모로만 보면 유럽 성 중 다섯 손가락 안에 꼽힐 정도로 장대하여 노이슈반슈타인이 금세 하찮게 느껴질 정도다. 입구에 들어서면 굉장히 큰 호수가 있다.

그 호수를 옆에 둔 예쁘게 꾸며진 정원을 보고 잠시 벤치에 앉아 주변을 둘러보면 멀리 성 윤곽이 보인다.

님펜부르크 성 양쪽에는 490에이커의 면적을 자랑하는 큰 숲이 있다. 숲을 따라 걷는 중에 갈림길을 몇 번 지나고 나면 금세 도대체 어디에서 어디를 온 건지 기억이 나지 않을 정도의 미로에 갇히게 된다. 연인과 함께 온다면 아슬아슬한 비밀 키스 장소로 이만한 곳은 더 없지 싶다. 잃어버린 길을 찾으려 발버둥치지 않고 차분히 인내심을 가지고 그냥 눈 앞에 보이는 길을 계속 쫓아가다 보면 어느덧 성의 귀퉁이가 머리 너머에 보인다. 걷는 길 마지막에 계단식 분수대에 닿으면 거대한 성의 끝에 다다랐다는 의미이다. 다시 입구로 돌아오는 길에 어느덧 허기가 진다. 때마침 성 입구 오른쪽에 아름다운 카페와 비어가든이 함께 자리잡고 있다. 잘 내려진 커피 한 잔과

님펜부르크 성

사과 케이크를 한 조각 먹고 나면 성 안을 둘러볼 에너지 재충전이 끝난다.

　이 성은 1664년에 페르디난드 마리아 바이에른 선제후가 자신의 부인인 사보이의 마리 아델리아드에게 주는 선물이었다고 한다. 둘 사이에 태어난 막시밀리안 2세 엠마누엘 왕자의 탄생을 기념하기 위함이었다. 이후 성은 몇 세기 동안 지속적으로 증축하여 현재의 모습을 갖추기까지 120년 가까이 되는 시간이 걸렸다. 막시밀리안 2세는 아버지를 이어 받아 바이에른을 통치하기 시작하면서 님펜부르크 성과 성을 둘러싼 정원을 본격적으로 증축하기 시작했다. 그 자신이 사랑했던 바로크 양식으로 성을 완벽하게 꾸미고 싶은 마음에 그는 프랑스에서 많은 장인, 건축가, 예술가, 조각가들을 데려와 일을 주었다. 성 안의 인테리어가 바로 이 예술가들의 산물이다. 막스 이후에는 그의 아들 찰스 7세가 바통을 이어 받아 성과 정원을 다듬어 나갔다. 특히 정원은 독일 내에 대표적 로코코 스타일 디자인으로 칭송 받고 있다. 이렇게 완성된 성은 1792년이 되어서야 카를 테오도르 선제후에 의해 시민에게 개방되었다. 19세기 바에이른이 왕국으로 거듭나며 이 성은 군주와 왕가의 거주지로서 중요한 역할을 했다.

　성 안을 들어가면 거주지로서 기능하던 성의 모습을 그대로 볼 수 있다. 루드비히 1세 왕이 자주 애용하던 식당, 예배실, 스톤 연회실까지 겉에서 보는 심플한 외관에 잠시 실망 하다가도 안에 들어서자마자 펼쳐지는 화려한 장식과 디자인에 반하고 만다. 대리석과 샹들리에, 화려한 금빛 장식이 사면을 채우는 연회홀은 베르사유 궁전에서 경험했던 것만큼이나 압도적으로 아름답게 느껴진다. 그랜드 홀의 네 면을 모두 꽉 채우는 벽화를 보느라 가만히 서 있으면 그 시대로, 그 그림 속으로 들어가버리는 것만 같다. 그곳을 지나면 다른 홀보다 훨씬 단촐한 녹색 바탕으로 꾸며진 카롤린 왕비의 침실이자 루드비히 2세 왕이 태어난 방으로 들어가게 된다. 이 방에 있는 가구와 장식품은 모두 1815년 당시 모습 그대로라고 하니 더 감회가 새롭다.

님펜부르크 본성을 나와 가든을 따라 걷다 보면 파고덴부르크 (Pagodenburg) 호수와 그 뒷 편에 자리한 작은 부속 건물에 다다른다. 파고덴부르크 파빌리온은 휴식의 목적으로 지어진 공간인데 그 특별함은 바로 건물 안 인테리어 디자인에 있다. 중국식 스타일로 벽지와 가구로 꾸며진 것이다. 입구에 들어서면 흰색과 하얀색으로 잘 구워진 중국식 포르셀린이 가장 먼저 눈에 띄고 벽에는 중국의 옛 수납장, 벽장 같은 가구에서 볼법한 그림이 보인다. 당시 포르셀린을 수입하기 위해 활발히 교류하던 중국 문화에 대한 호기심이자 동경에서 시작된 동기가 아닐까 예상해본다.

성을 모두 둘러본 뒤 성 밖을 빠져 나와 동네를 거닐면 한눈에 그 동네가 부촌이라는 것을 직감한다. 뮌헨에서 살기 좋은 곳으로 언제나 손꼽히는 곳이다. 아주 조용하고 평화로우며 잘 정돈되어 있는 길에는 나무가 빼곡하게 들어서있다. 시내 중심가나 대학가에 있는 집과는 달리 이 동네에 자리잡고 있는 주택들은 다른 동네보다 훨씬 더 잘 보존되어 있다는 인상을 받는다. 집도, 그 앞에 주차되어 있는 차도 한 없이 고급스럽다. 부잣집 동네를 어슬렁거리다 성 입구에 자리잡은 유명 아이스크림 집에서 잠시 머물다 가면 하루가 마무리된다.

가뮈시 파르트나흐트클람
(Garmisch Partnachklamm)

뮌헨 남부에서 머무를 수 있는 충분한 시간이 있다면 사실 뮌헨보다는 근교 도시를 방문하기를 더 추천한다. 뮌헨은 하루나 반나절만 있어도 충분하다. 오히려 오스트리아, 스위스와 국경을 맞닿는 알프스 산맥을 뒤로한 작은 시골 마을을 방문하는 것이 독일 남부의 매력을 제대로 느낄 수 있는 기회가 된다. 뮌헨에서 한 시간 내에 닿는 거리에만 해도 눈에 넣어도 아프지 않을 만큼 예쁜 호수가 열 곳이 넘고, 그 주위를 둘러싼 산맥의 등산로만 해도 수십 가지이다. 그중 대중교통으로 접근하기 가장 좋으면서 첫눈에 독일과 사랑에 빠질 만큼 아름다운 곳을 몇 곳 직접 소개해볼까 한다.

절대 놓칠 수 없는 곳은 가미쉬(Garmisch)이다. 봄여름가을겨울 어느 계절에 가도 다른 아름다움을 볼 수 있고 독일에서 가장 높은 2,961미터의 쭉슈피쩨(Zugspitze)부터 남산 정도되는 완만하고 짧은 등산길, 아입 호수(Eibsee)까지 이어지는 둘레길까지 아주 다양한 등산, 걷는 코스가 있어 질릴 틈이 없다. 처음 가미쉬를 간 것은 뮌헨에 이사간 지 얼마 되지 않았을 때였다. 뮌헨에 온 이상 먼저 가장 높은 알프스 산맥을 정복해야겠다는 말도 안 되는 의지와 욕심이 솟구쳤다. 벌써 4월이 다 되어가니 그리 춥지도 않았고, (물론 난 산 위에 눈이 아직도 10cm이상 쌓여 있을 거라는 건 상상도 못한 아마추어 오브 아마추어였다.) 기차 타고 1시간이면 가는 거리라 휴대폰 하나에 백팩 하나 들고 가벼운 마음으로 출발했다. 구글 지도에 찍어 보니 내가 내리는 기차 역에서 쭉슈피쩨까지 3시간 40분이 소요된다고 써 있어서 이 정도면 껌이라고 생각한 것이 가장 큰 착각이었다. 물론 검색의 완벽한 실패였다. 2시간 30분 가

량 걷다가 주변에 함께 걷는 등산객이 아무도 없어 겁을 먹기 시작했다. 그때 때마침 눈앞에 펼쳐지는 엄청난 경사와 눈에 겁을 먹고는 마치 아무 일도 없었다는 듯 포기하고 다시 길을 내려왔다. 내려 오는 길에 입구에서 만난 아저씨에게 쭉슈피쩨까지 3시간 40분이라고 지도에 써있는 데 맞냐고 물으니 아저씨가 황당하다는 얼굴로 나를 몇 초간 보더니 웃음을 터뜨리는 것이었다. 그리곤 도대체 어떤 지도가 그렇게 안내해 주었냐며 고개를 저었다. 아저씨는 쭉슈피쩨는 마지막 코스가 암벽 등반 수준으로 아주 위험해 전문가가 아니고서는 저 역 앞에 친절하게 마련되어 있는 케이블카나 산악 기차를 타고 가야 한다고 아마 그래서 올라가는 길에 아무도 못 만난 것 일거라고 웃으며 답해 주었다. 그래, 건방지고 경솔하면 결국 나처럼 쓸데없이 체력만 낭비하게 된다.

여기까지 왔는데 산 정상도 못 가고 집에 갈 수는 없는 노릇이었다. 다른 짧은 코스라도 다시 도전해보자는 생각에 아저씨에게 짧은 등산 코스를 여쭈어보니 파르트나흐트클람을 가보라고 권해주셨다. 회사에서 함께 일하는 동료 언니로부터 언뜻 들었던 장소 중 하나였다. 역에서 1시간을 여유롭게 걸으면 닿을 수 있을 정도로 가깝고 완만한 곳이라 이곳으로 빠르게 결정했다. 파르트나흐트클람은 700미터 길이의 아주 깊고 큰 협곡이다. 무서운 속도의 계곡 물이 옆을 지나가고, 절벽에서 떨어지는 폭포수 물이 위에서 공격적으로 쏟아지는 가운데 아주 컴컴하고 어둡고 긴 동굴도 지나가야하는 코스라 시작점부터 그 공간에 온몸이 압도당하는 명소다.

협곡도 협곡이지만 가미쉬 기차역에서 협곡까지 가는 길이 정말 예쁘다. 알프스의 소녀가 살던 마을같다. 먼저 역을 나와 아주 작은 시가지를 걷다 보면 산에서부터 흘러온 것 같은 작은 하천을 따라 길이 나있다. 이 하천의 물은 다른 어느 곳에서도 본 적이 없는 참 희한한 색이었다. 청 녹색과 밝은 회색의 딱 중간지점에 있는 그런 색깔. 독일에서 본 물 중 가장 예뻤다. 하천을 따라가다 집과 농장이 아기자기 모여 있는 마을을 또 한 번 지나면 눈 앞에 엄청나게 광활한 초원이 펼쳐진다. 아마 이 초원이야 말로 우리가 상상하는 독일의 시골 마을 풍경이 아닐까 싶다. 초원에서 야무지게 풀을 뜯어 먹는 독일 소와 말을 보면 그곳에서 그냥 오래도록 떠나기 싫어진다. 넓은 초원의 끝에 커다란 스키 점프 시설이 보이는데 예전 겨울 올림픽이 열렸을 때 지어진 시설이다. 스키 점프 오른쪽으로 이어진 넓은 길이 본격적으로 파르트나흐트클람으로 연결되는 등산로이다. 등산로 옆에도 계속 목장이 있어 동물 구경하는 재미에 금방 30분을 걷게 된다. 협곡에 다다를 때쯤이면 작은 키오스크와 굉장히 귀여운 비어가든, 기념품 가게, 게스

가미쉬 파르트나흐트클람(Garmisch Partnachklamm)

트하우스가 등장한다. 사람 한 명이 겨우 들어갈 정도로 보이는 초가집에서 입장권을 구매하고 게이트를 들어가면 전에 걷던 산길에서 상상하지 못했던 협곡이 펼쳐진다.

입구 밖에서 들리는 소리는 완전히 무음 처리 된 듯, 계곡의 물소리와 동굴에서 떨어지는 물방울 소리가 귀를 꽉 채운다. 절벽에서 떨어지는 물에 맞아 가방과 점퍼가 다 젖어도 어쩐지 기분이 좋다. 코스가 워낙 길어 끝까지 걷는데 약 20분 정도가 걸린다. 동굴 코스를 지날 때는 정말 앞이 거의 보이지 않아 동굴 벽을 만지며 조심하며 걸어가다 맞은편에서 오는 사람들과 쿵 하고 부딪히기도 한다. 동굴 벽에 구멍이 뚫린 부분으로 밖을 쳐다보면 철철 흐르는 계곡 물과 절벽이 그림처럼 보여 그 감동을 붙잡고 싶은 마음에 잘 찍지도 못하는 카메라 셔터를 백번은 누르게 된다.

협곡을 다 지나면 언제 그랬냐는 듯 갑자기 엄청 고요한 상태의 작은 호수가 나온다. 호숫가 근처에 앉아 도시락을 까먹고 호수 물을 만지고 놀다 동굴 옆에 마련된 산길을 따라 등산해 다시 입구까지 돌아오면 그날의 코스가 완벽히 마무리 된다. 산길은 협곡 길보다는 조금 더 경사가 있고 나무 계단이 많아 조금 힘들 수 있지만 워낙 바닥의 흙이 폭신한 재질이라 발에 가해지는 충격은 덜하다. 그대로 역사로 돌아와 구시가지에 있는 작은 상점들을 둘러보다 레스토랑에 가 커다란 돼지고기를 한 덩어리 먹으면 더할 나위 없는 하루 코스가 마무리 된다. 참고로 가미쉬는 겨울에 스키 코스로도 아주 유명한 마을이다. 12월 이후 스키 시즌에 저녁때쯤 가미쉬 구시가지에 있는 호프를 가면 멋진 독일 젊은이들을 아주 많이 만날 수 있다는 것! 이런 팁은 놓칠 수 없다.

안덱스와 아머제

(Andechs & Ammersee)

독일에 여행 오는 친구들에게 안덱스를 갈 때는 버스를 타지 말고 꼭 걸어보라고 권유한다. 짧지 않은 하이킹 코스이지만 걸어서 안덱스에 닿았을때만 느끼는 고유의 감동이 있기 때문이다. 순례 교회라서인지 편하게 버스를 타고 가는 것이 조금 죄책감이 드는 탓도 있다. 안덱스는 뮌헨에서 남서쪽으로 기차를 타고 30분 정도만 내려오면 닿는 아머 호수에서 시작하는 동네이다. 동네의 꼭지점에 안덱스 수도원, 그곳의 수도사들이 운영한 역사 깊은 맥주 양조장이 있다. 바로 이곳이 우리가 가야 하는 곳이다.

안덱스를 가는 최고의 루트는 헤어싱(Herrshing) 기차역에서 출발하는 길이다. 기차역 입구에서부터 안덱스로 가는 길 표지판이 아주 잘 설치되어 있다. 마을 길을 죽 따라 걸으며 동네를 구경하다 보면 작은 교회 하나가 보이는데 이를 가운데 두고 두 가지 갈림길로 나뉜다. 두 길 모두 마지막 종착점은 안덱스인데 걷는 길이와 경사에 조금 차이가 있다. 한 길은 바로 경사가 조금 높은 산길을 바로 걷는 것이고 오른쪽 길은 완만한 경사의 둘레길이라고 생각하면 된다. 한 곳으로 올라가 다른 한 곳으로 내려오면 이 모두를 다 만끽할 수 있어 가장 좋다.

안덱스를 걷는 길에 보이는 집을 하나씩 보면 가장 먼저 눈에 띄는 것이 바로 독일의 대표적인 나무 골조 건축 양식이다. 하얀색 바탕에 검정 또는 갈색의 나무 조각이 덧대고 있는 모양의 전통 집들이야말로 우리가 상상하던 독일의 집이 아니던가? 이 건축 양식은 11세기에 처음 도입된 것으

로 현재는 중앙 유럽에서 가장 오래된 건축 양식이기도 하다. 독일에만 백오십만 개가 넘는 건물이 이 양식으로 지어졌다. 이 건축 양식은 겨울의 추위에 강하고, 빠르고 유연하게 지을 수 있다는 장점이 있지만 또 한편으로는 나무가 잘 썩고 불에 타기 쉽다는 단점 때문에 현대 독일인들이 잘 선호하지 않는다. 그래도 적어도 미관만 보면 다른 건축물보다 훨씬 매력적이다. 특별한 장식이 없어도 화려하면서도 소박한 이중적 매력을 물씬 풍기니 말이다. 어떤 집은 외관에 멋진 그림을 그려 넣기도 한다. 그 그림은 신화의 한 장면이기도 하고, 동물이기도 하며 성경에 나오는 인물들이기도 하다. 전문 화가가 그렸을 것 같은 고품질의 그림을 보면 독일인들이 집이라는 공간을 얼마나 소중하게 여기고 얼마나 많은 투자를 하는 지 감히 짐작할 수 있다. 집의 창문과 발코니에 걸려있는 꽃만 봐도 매일 갈아준 것처럼 싱싱함을 자랑하니 말이다. 집 구경을 하다 그늘이 가득한 산길을 30분만 헉헉대면 어느덧 안덱스에 다다른다. 꼭대기에 올라가 밑에 풍경을 보고 있으면 기도를 드리지 않아도 마음이 정화되는 것 같다. 한눈에 마을이 보이고 아머 호수도 살짝 보인다. 실컷 산꼭대기 공기를 마시고 땀을 조금 닦아 내면 이제 그 유명한 안덱스 맥주를 마실 준비가 모두 완료 되었다.

안덱스 수도원은 바이에른 주에서 가장 오래된 순례 교회이다. 그 역사는 무려 1455년에 시작된다. 1850년부터는 베네딕트회 수도원에 소속되어 관리, 감독을 받고 있다. 성스러운 산(Holy mountain)이라 불리는 산 꼭대기에 탁 트인 경관을 자랑하는 곳에 세워진 수도원은 이곳에 방문하는 순례자들과 안덱스 마을 사람들 뿐 아니라 그 지역의 사업도 비즈니스도 관리한다. 물론 가장 중요한 비즈니스는 수도원에서 운영하는 맥주 양조장과 비어가든이다. 안덱스 양조장은 뮌헨과 안덱스에 있는 세인트 보니파세의 베네딕트회 수도자들의 독점적인 자산이기도 하다. 이 수도원이 종교세로 걷힌 지원금을 전혀 받지 않아 더욱 이 양조장 관리가 중요한 역할을 할 수밖에 없었다.

안덱스 양조장은 독일에서 유일하게 복비어(Bockbier, 흑맥 중 하나)를 생산하는 수도원 양조장으로 알려져있다. 안덱스 도펠복비어(Doppelbockbier)는 7%의 알코올 도수를 자랑하는 진한 흑맥이다. 먼 길을 걸어온 순례자에게 이보다 더 좋은 술이 있을까? 최근에는 안덱스 바이젠비어(Weizenbier)도 굉장히 사랑 받고 있다. 맥주병만 보면 순박하다 못해 어찌 보면 촌스러운 옅은 노란색의 상표 스티커가 붙여져 있어 맛에 조금 의심이 가기도 하지만 한 입 딱 마셔보면 입안 가득 느껴지는 과일 향에 취해 버린다. 바나나와 허니 메론을 섞은 것 같은 특별한 과일 향과 무겁지만 진한 맥주의 질감이 등산으로 잃었던 에너지를 한 번에 채워준다.

베르히테스가덴과 쾨니그제
(Berchtesgaden & Königssee)

　　베르히테스가덴은 오스트리아 잘츠부르크의 바로 옆, 독일의 끝자락에 붙어 있는 마을이다. 운전을 하고 이 마을을 가다가 자칫 한순간에 출구를 놓치면 오스트리아 고속도로로 진입해 버리는데 문제는 오스트리아 고속도로의 통행권을 미리 사놓지 않으면 벌금을 무려 200유로나 내야 한다는 것이다. 친구와 처음 이곳을 가던 날 조심 또 조심했지만 눈 깜짝할 사이에 출구를 놓치는 바람에 바로 우리 앞에서 대기하고 있던 오스트리아 교통 경찰에게 꼼짝없이 당한 적이 있다. 기름 값은 왕복 50유로 밖에 쓰지 않아 놓고선 200유로를 고속도로 벌금을 내는 바람에 온종일 헛헛한 마음으로 여행을 해야 했던 아픈 기억이었다.

　　베르히테스가덴을 가는 이유는 두 가지이다. 바로 독일에서 가장 아름답기로 소문난 쾨니그제 호수와 히틀러의 안식처라 불리는 켈슈타인하우스를 가기 위함이다. 나찌나 히틀러에 대한 얘기를 잘 언급하지 않아서인지 이곳을 알거나 직접 방문해 본 독일 사람이 의외로 별로 많지 않다. 역사적인 의미를 되새기지 않더라도 산꼭대기에 위치한 그 장소의 경관이 워낙 멋있어 금세 마음에 보상이 된다.

　　켈슈타인하우스의 별명은 히틀러의 독수리 둥지(Eagle's nest)이다. 히틀러의 50번째 생일을 기념하기 위한 선물로 나치 당원, 그중 리더인 마틴 보어만이 계획하여 실행한 것이었다. 알프스 줄기를 이루는 한 산의 최정상 꼭대기에 지어진 작은 이 집은 독일 제 3공화국 당시 나치의 당원들이 정치, 사회, 친목 활동을 하기 위해 비밀스럽게 사용하던 아지트였다. 조금 우습지만 히틀러가 고소 공포증과 폐소 공포증이 있어 이 아지트의 위치를 무척 싫어했다는 여담도 있다. 아지트까지 가기 위해서는 길고 어두운 터널을 지나, 화강암 사이를 지나는 엘리베이터를 타야 했으니 그럴 만도 하다. 그래서 자신의 생일 선물로 지어진 그 영광스런 아지트에 총 17번밖에 방문하지 않았단다. 정말 그 높은 곳에 도대체 어떻게 이런 건물을 지었을까 싶을 정도로 지대가 높다. 이 건물을 짓기 위해 무려 13개월의 기간 동안 3,000명이 넘는 노동자들이 밤낮으로 일해야 했다. 케이블 시스템을 설치하여 공사에 필요한 자재를 꼭대기까지 운반하기도 했지만, 많은 양의 공급품은 노동자들이 직접 짊어지고 옮겨야 했다고 하니 그 고통만 생각해도 끔찍해진다.

놀랍게도 이 아지트는 세계 2차 대전 동안 조금도 파괴되지 않고 그 모습 그대로를 오늘날까지 유지하고 있다. 그 안의 가구와 장식품은 대부분 전쟁 이후 연합군에 의해 제거되었지만 무솔리니가 히틀러에게 준 붉은 벽난로와 조명 기구 등 몇 가지는 보존되었다. 켈슈타인에 올라가 당시 히틀러와 나치 멤버들이 이곳에서 어떤 파티를 열고, 어떤 휴식 시간을 가졌을 까 상상하다 보면 마음이 자꾸만 엄숙해진다. 그들이 일으킨 세계 2차 대전으로 무참히 파괴된 베르히테스가덴과 독일의 모습과는 반대로 폭탄 한 번 맞지 않고 당시의 모습을 여전히 간직하고 있는 이 아지트. 불공평하다는 생각이 든다.

켈슈타인을 나와 차를 타고 10분 정도 가면 쾨니히 호수가 나온다. 쾨니히 호수 주차장 입구에는 켈슈타인 하우스를 한 눈에 볼 수 있는 망원경

이 설치되어 있어 꼭대기에 올라가지 못한 사람도 재미 삼아 망원경을 통해 살짝 훔쳐볼 수 있다. 호수는 빙하기 말에 형성되었다고 한다. 호수 물색은 정말 짙고도 청량한 푸른색을 자랑한다. 물이 너무나 아름답고 깨끗해 오래도록 물속을 쳐다보게 된다. 호수를 제대로 즐기려면 호수 입구에서 운행하는 보트를 꼭 타야 한다. 이 보트를 타면 하나의 작은 소음도 들리지 않은 고요한 호수 위를 천천히 지나다가 어떤 한 지점에서 멈춘다. 이곳은 로맨틱함의 끝을 보여준다. 골짜기가 깊게 페인 산 앞인데, 이곳에서는 어떤 말이나 소리를 내면 3초 만에 그 소리가 깨끗한 메아리가 되어 날아온다. 보트를 운행하는 선장은 이곳에 배를 잠시 멈추어두고 상자에 담아두었던 색소폰을 꺼내 조금 어설프지만 순수한 노래 한 곡을 최선을 다해 연주해 준다. 한 소절이 끝나고 잠시 멈추면 골짜기가 다시 그 소절을 되돌려준다. 누군가 이곳에 데려와 사랑한다고 말해주면 그 고백에 한 번, 다시 되돌아오는 메아리에 두 번 감동을 받아 그게 누가 되었든 마음을 받아줄 수 있을 것만 같다.

배는 바톨로매(St. Bartholomä)라는 교회가 지어진 작은 산속 마을에 한 번 세워준다. 이곳에 내려 교회를 둘러보고 마을을 가로지르는 산책길을 15분 정도 걷다 보면 아이스바흐(Eisbach, 얼음 계곡)에 도착한다. 배를 타고 지나온 쾨니히 호수의 푸른 물과는 360도 다른 하얀 색의 물이 쫄쫄 흐르는 계곡이다. 이 계곡은 알프스에서 가장 낮은 얼음 동굴로 이어지는 시작점이다. 날이 30도가 넘는 한 여름에도 이 물을 만져보면 얼음처럼 차가워 깜짝 놀라곤 한다. 손을 10초 이상 담그고 있기 어려울 정도로 시린 물이다. 계곡을 따라 40분 이상을 더 걸으면 얼음 동굴에 닿을 수 있다. 그냥 지나칠 수 있을 정도로 조금 삭막하고 작아 보이는 입구이다. 입구부터 동굴 안까지 모두 얼음으로 꽉 차있다. 주변에 사람이 아무도 없으면 조금은 겁이 나는 모습이지만 얼음 동굴 안을 천천히 탐험하고 나오면 큰 일을 해낸 것처럼 뿌듯한 마음이 든다. 빙하기 한가운데를 왔다 간 것처럼 온몸에 서늘한 찬 기운이 오래도록 가시지 않는다. 이 모든 것이 쾨니히 호수가 아니면 경험할 수 없는 특별함이다.

온천의 도시,
바덴바덴(Baden-Baden)

프랑스와 국경을 마주하는 서남부에 자리한 작은 시골 도시 바덴바덴은 규모는 아주 작지만 천연 암반수로 유명한 온천 덕에 해마다 많은 수의 관광객이 다녀간다. 수심 1,600미터 깊이의 바위 층에서 뿜어져 나오는 온천수에 각종 미네랄과 칼슘 등 미량 원소들이 풍부하다는 소문을 듣고 안 그래도 오랫동안 목욕탕을 가지 못해 찌뿌듯한 몸 이번 기회에 호강시켜주자는 마음에 바덴바덴을 향했다.

바덴바덴에 가면 독특하게도 러시아 사람들이 많이 보인다. 러시아와 관계된 특정 산업이 발달한 것도 아니고 러시아와 가까운 지역에 있는 것도 아닌 이 작은 촌 동네에 왜 러시아 사람들이 이렇게 많아지게 된 걸까 신기했다. 내가 이용했던 두 곳의 호텔에는 일하는 종업원이 모두 러시아 사람들이었으니 말이다. 배경을 잘 모르는 독일 동료는 그 지역에 모피 산업이 발달해서 그런 것이 아닐까 나름의 추측을 꺼내 놓기도 했다. 러시아와 이 도시의 특별한 관계를 가장 먼저 형성시킨 것은 18세기 제정 러시아의 황후였던 엘리자베스였다. 바덴바덴을 무척 사랑했던 그녀는 많은 수행

원들과 함께 이곳에서 휴가를 자주 즐겼고, 친구들에게 바덴바덴이 얼마나 아름다운지 직접 편지를 써가며 손수 홍보했다고 한다. 이후 19세기부터 러시아의 왕족과 귀족, 유명 작가들이 바덴바덴을 즐겨 찾기 시작하면서 금세 러시아 사람들에게 가장 잘 알려진 독일의 도시가 되었다. 귀족들이 이 도시를 찾은 이유 중 다른 하나는 바로 카지노였다. 러시아 황제가 도박을 금지하면서 바덴바덴을 새로운 도박 아지트로 삼은 것이다. 세계적으로 유명한 러시아 문학가인 이반 세르게예비치 뚜르게네프, 표도르 도스토옙스키, 이반 곤차로프도 바덴바덴에 있는 카지노를 즐겨 찾은 것으로 알려져 있다. 이 상류층 러시안 사람들을 위한 호텔, 별장, 레스토랑과 상점이 조금씩 생겨나며 러시안 커뮤니티가 확대 되었다. 현대에 들어와서는 러시아의 최고 부자 계층이 안전하게 자신의 재산을 투자할 수 있는 곳으로 바덴바덴을 선호하면서 이곳에 있는 부동산을 공격적으로 사들였다고 한다. 물론 바덴바덴 출신 지역 주민들이 달가워할만한 소식은 아닌 것 같다. 물가도 그 덕에 아주 많이 올랐다.

바덴바덴의 온천은 다른 독일 온천이나 사우나 시설과 마찬가지로 수영장을 제외하고는 모두 나체로 입장해야 한다. 게다가 혼탕이다. 이를 모르고 온 외국인 관광객들이 입구에서 곧잘 당황하기도 한다. 사우나에 옷을 입지 않는 것도 남녀가 같은 탕 안에 들어가는 것도 독일인들에게는 너무 자연스러운 일이라 당황하는 외국인이 그저 귀엽게 보이는 모양이다. 독일 사람들은 비키니를 입지 못하게 하는 이유가 위생 때문이라고 설명한다. 일반적으로 수영복을 수건처럼 자주 세탁하지 않는데다 사우나 안에서 흘리는 땀에서 배출되는 노폐물이 수영복으로 흡수될 테고 높은 습기와 온도 덕에 세균이 빠르게 증식할 수 있어 탕에 들어 갔을 때 훨씬 더 비위생적이라 여기는 것이다. 깨끗이 샤워를 한 알몸으로 함께 들어가는 것이, 수영복을 입고 함께 들어가는 것보다 낫다.

위생에 대한 철저한 독일인의 관념은 그렇다 치더라도 남녀가 함께 나체로 시설을 이용해야 하는 것이 부담스러운 사람도 많을 것이다. 나 역시 워낙 그런 문화에 익숙하지 않아 처음에는 커다란 샤워용 타월을 온몸에 칭칭 감고 있었다. 그런데 어느 순간 주위를 둘러보면 그 안에 있는 어느 누구도 자신의 몸을 가리거나 다른 사람의 몸을 보기 위해 애쓰지 않는다는 것을 깨닫게 된다. 만약 그러고 있는 사람이 있다면 그 사람은 독일인이 아닐 확률이 다분하다. 편안하게 사우나에 누워 땀을 흘리고, 샤워를 한 뒤 찬물에 들어가 개구리 헤엄을 친다. 그 모든 것이 자연스러운 것이라고 받아들이는 순간부터 제대로 사우나를 즐길 수 있다. 남녀를 구분 지어 놓는 것이 그래도 조금 더 낫지 않겠느냐는 질문에 독일인들은 '알몸으로 선탠을 하는 것도 합법인 마당에 돈을 두 배로 들여가면서 남자, 여자의 공간을 나누는 것이 어떤 의미가 있는데?'라고 반문한다. 그런 반문에 똑 부러

지게 대답할 거리가 도통 생각이 나지 않는다. 내 머리에 떠오르는 것이라
고는 '그럼 남의 몸 훔쳐보려고 이런 데 오는 변태들이 많을 것 같은데….'
라는 조금 찌질한 이유였으니 말이다.

❖ 남부 지역 추천 장소 ❖

☑ 히어시가르텐(Hirschgarten Biergarten, 비어가든 & 공원)

웹사이트	hirschgarten.de
주소	Hirschgarten 1, 80639 München
	⑨ 48.150537, 11.510508

☑ 파울라너(Paulaner 양조장 & 비어가든)

웹사이트	paulaner-brauhaus.de
주소	Kapuzinerpl. 5, 80337 München
	⑨ 48.126304, 11.558830

☑ 호프브로이(Hofbräuhaus, 양조장 & 비어가든)

웹사이트	hofbraeuhaus.de
주소	Platzl 9, 80331 München
	⑨ 48.137620, 11.579924

☑ 님펜부르크 성(Schloß Nymphenburg)

웹사이트	schloss-nymphenburg.de
주소	Schloß Nymphenburg 1, 80638 München
	⑨ 48.158287, 11.503315

☑ 안덱스(Andechs)

웹사이트	andechs.de
주소	Bergstraße 2, 82346 Andechs
	⑨ 47.974509, 11.182906

☑ 가미쉬 파르트나호트클람(알프스 협곡)

웹사이트	gapa.de
주소	Wildenauer Str., 82467 Garmisch-Partenkirchen
	⑨ 47.478889, 11.113712

☑ 켈슈타인 하우스(Kehlsteinhaus, 히틀러의 아지트)

웹사이트	kehlsteinhaus.de
주소	Kehlsteinhaus, 83471 Berchtesgaden
	⑨ 47.611451, 13.042097

☑ 카페 카레(Café KARE)

웹사이트	kare-design.com
주소	Sendlinger Str. 37, 80331 München
	⑨ 48.134612, 11.569032

☑ 레스토랑 라이머(Laimers, 레스토랑)

웹사이트	laimers.com
주소	Agricolastraße 16, 80687 München
	⑨ 48.141414, 11.492610

동부 지역

동부 지역에 방문할 때 가장 당황스러웠던 것은 바로 언어였다. 많이 늘었다고 자신만만했던 독일어였는데, 그곳 출신의 사람들이 하는 이야기는 알아듣지 못해 역시 내 실력은 쓰레기였구나 하면서 자책감에 빠지곤 했기 때문이다. 표준 독일어에만 익숙한 사람이라면 라이프치히 서브웨이 상점에서 샌드위치 하나 주문하는 것도 헤맬 수 있다. 작센 주에서 쓰는 사투리는 독일 내에서 늘 '가장 듣기 싫은 사투리' 1위로 꼽히는 불명예를 안는다. 유튜브나 인터넷에는 이 사투리를 따라 하는 영상이 많다. 그리고 이 사투리를 쓰는 사람들은 어차피 나치를 옹호하고, 인종차별이 심한 극우파들이니 알아들을 가치가 없지 않냐는 수위 높은 조롱 글도 올라온다.

동독은 통일 후 30년 가까이 되어가는 지금도 여전히 가난에 허덕이고 있다. 매월 월급에서 5.5% 빠져나가는 독일 연대 지원금(Solidaritätszuschlag)을 중단해야 한다는 볼멘소리가 독일 이곳저곳에서 자주 나오지만, 미개발된 동독 지역을 방문하고 오면 적어도 향후 100년은 독일 정부가 이 세금을 포기할 수 없겠구나 싶어진다. 비교적 많이 발전되어 있는 베를린이나 드레스덴, 라이프치히를 제외한 동독의 소도시를 방문하면 독일보다는 오히려 러시아나 폴란드의 시골 마을에 와 있는 느낌이 더 짙다. 황량하고, 사람이 없으며 건물 외벽에는 옛날 부흥했던 동독에 대한 향수나 현재에 대한 불만이 짙게 묻어 난 그라피티가 그려져 있다. 옛 동독의 이름이던 DDR(Deutsche Demokratische Republik, 독일 민주 공화국)의 상징도 눈에 띈다.

프랑크푸르트에서 6평짜리 방 하나를 구하는 돈이면 동독의 콧부스에서는 큰 집 한 채를 구할 수 있지만 옛 서독에 살고 있는 독일인 중 누구도 동독으로 이사를 가고 싶어 하는 사람은 없는 것 같다. GDP는 여전히 옛 서독에 비해 60%밖에 되지 않고 실업률은 언제나 10%를 넘는 데다 이름이 알려진 회사라곤 찾아 볼 수 없으니 굳이 갈 이유가 없다. 살기가 어려워서일까, 외국인에 대한 적대심이나 인종차별이 어느 곳보다 높기로 유명하다. 혼자서는 절대 극동 지역으로 여행가지 말라는 친구들의 당부가 너무 지나친 걱정이 아닌가 싶다가도 선거 때마다 극우 정당 득표율이 다른 어느 곳에 비해 확연히 높은 점이나 외국인 혐오로 인한 사건 사고를 들으면 이내 꼬리를 내리게 된다. 독일 정치인들의 고민이 이만저만이 아닐 것 같다.

과거의 아픔과 미래에 대한 바람이 공존하는 곳,
베를린

동부 지역의 대표, 독일의 수도 베를린은 가장 독일답지 않으면서 또 가장 독일다운 도시이다. 독일에 사는 동안 참 많이도 갔던 베를린인데 갈 때마다 어쩌면 매번 그렇게 다른 느낌으로 다가오는지 신기할 따름이다. 처음 여행을 갔을 때는 그 어느 도시보다 젊은 사람들과 외국인이 엄청나게 많고 다들 저마다의 개성을 살려 알록달록한 유색 패션을 자랑하는 모습을 보고, 여긴 독일의 수도가 아니라 런던의 어딘가가 아닐까 하는 의구심 마저 들었다. 두 번째 휴가를 갔을 때는 분단의 역사, 나치의 대량 학살을 가감 없이 들려주는 박물관에 들렀다가 온종일 먹먹한 가슴을 달랠 길이 없었다. 세 번째 왔을 때는 베를린의 엄청난 클럽 문화에 충격을 받았고 또 이후에는 깨끗하고 우아하게 정리 되어 있는 고급 건물, 세련된 신시가지의 쇼핑 센터와 달리 조금만 다른 방향으로 걸어가면 여전히 지저분하고 미개발에 허덕이는 가난한 지역이 극단적으로 공존하는 모습이 서울과 참 닮았다는 생각을 했다. 베를린 전 시장은 그래서 이 도시를 '가난하지만 섹시한 (poor but sexy)'이라고 홍보했나보다. 그래서 나는 베를린이 여전히 궁금하다.

파리 여행객 중 본래 생각했던 낭만적이고 아름다운 모습과 다르게 지저분하고, 냄새 나는 파리의 모습에 충격을 받아 '파리 증후군'을 겪는 사람이 있다고 한다. 파리만큼은 아니지만 베를린에서도 누군가 독일에서 가장 큰 도시에 대한 환상이 깨지는 경험을 하게 된다면, 열에 아홉은 베를린 공항 때문일 것이다. 현재 운영되는 베를린 공항 두 곳은 시외버스터미널보다 못한 수준을 벗어나지 못하고 있다. 독일 정부는 늘어나는 이용객과 낙후된 시설을 대체 하기 위해 베를린 브란덴부르크에 현대식 국제 공항 허브를 짓기로 결정 했다. 이 화려한 공항은 계획대로라면 2011년에 문을 열었어야 했다. 그러나 7년이 지난 지금 이 공항은 아직도 여전히 굳게 닫혀 있다. 2020년에 문을 열겠다고 다시 수정 계획을 발표했지만 이미 여섯 차례나 계획이 지연된 이력이 있는 탓에 독일인들은 자조 섞인 얼굴로 한숨을 쉰다. 합리주의와 실용주의 그리고 시간 엄수. 독일인을 따라다니는 세 가지 필수 수식어는 베를린 공항 사태로 인해 힘을 잃어 가고 있는 것 같다.

2012년 봄. 이번엔 진짜로 공항을 오픈 할 예정이었다. 앙겔라 메르켈 총리를 포함 1만명에 달하는 게스트가 공항의 첫 출발을 축하하기 위해 초대 되었다. 그러나 3주 전에 이 거대한 행사가 취소 되며 파장을 일으켰다. 당시 이유는 화재 경보기와 환풍기에 결함이 있다는 것이었는데 조사 결과 그 이면에 엄청나게 큰 기술적 문제가 하나도 아닌 여러 개 복합적으로 얽혀있다는 것이 밝혀졌다. 공항의 지붕이 본래 설계된 것보다 2배나 무겁게 건축되어 불안정했고, 에스컬레이터는 너무 짧게 설치되었으며 독일 건축물에서 가장 중요한 소방서까지 이어지는 비상 통로가 잘못 만들어졌다. 게다가 90km가 넘는 케이블이 잘못 설치 되었단다. 문제가 너무 많아 공항을 처음부터 다시 설계하고 짓지 않고서는 해결할 수 없는 지점에 이르렀고 이는 건설 회사 외에 공항 영업을 준비하던 상점, 택시 회사의 연이

은 파산과 또 다른 대형 예산 투입이 불가피하다는 악몽 같은 현실로 이어졌다. 어떻게 독일에서 이런 사태가 일어날 수 있었을까 의아하지 않을 수 없다. 작은 주택을 하나 지으려고 해도 땅 밑에 건드려서는 안 되는 나무의 뿌리가 있는지, 없애서는 안 되는 새 집이 있는지, 혹시 전쟁 당시 묻힌 탄환이라도 있는지를 점검 후, 설계 및 건축에 들어가고 화재 경보기가 잘 작동되는 지까지도 2년마다 꼼꼼히 검사를 받아야 하는 독일인데 엄청난 예산이 투입되는 대형 프로젝트를 이렇게 망쳐버린 걸 보면 베를린 공항 설계자와 건축가가 부정부패에 연루되었다는 합리적 예측이 나올 수밖에 없었다. 물론 베를린 전 시장 클라우스 보베라이트(Klaus Wowereit)는 이 일로 시장직에서 사임해야 했다. 처음 2천 7백만 유로의 예산으로 시작했던 이 프로젝트는 이제 50억 유로를 삼키고도 그 결과를 장담할 수 없는 독일의 아픈 손가락이 되었다.

베를린의 세계적으로 유명한 명소를 소개하는 데는 큰 욕심이 없다. 단지 최소한 1주 정도의 시간을 가지고 베를린에 있는 역사적 명소를 차근히 둘러보라는 조언만 주고 싶다. 그 정도의 시간이 주어져야만 이 도시를 알아가는 준비 운동을 마쳤다는 생각이 든다. 그저 웅장하고 근엄해 보이는 건물들을 한 번 보고 지나치는 것이 아니라 백색의 근사한 연방수상부 건물을 지날 때는 저기 어디쯤 앙겔라 메르켈이 근무하고 있을까 궁금해하고 국회의사당을 관람할 때는 2차 대전에서 붕괴된 건물이 언제 이렇게 멋진 모습으로 다시 재건되어 수도의 상징으로 우뚝 선걸까 고민해 보아야 한다. 독일의 건물을 둘러싼 장식품, 조각상 하나하나가 어떤 의미를 갖고 있는 지를 찾아가다 보면 그제서야 베를린의 이야기가 조금씩 마음에 들어오기 시작한다.

독일에서 가장 유명한 랜드마크, 브란덴부르거 토어(Brandenburger Tor)도 마찬가지다. 파리의 개선문처럼 커다란 문처럼 보일 뿐이지만 그 안에 품고 있는 이야기는 무척 풍부하다. 게이트 위를 장식하는 네 마리의 말과 말이 끄는 마차를 탄 여신, 여신이 들고 있는 십자가와 그 위에 앉아 있는 독수리. 이 모든 것이 처음 게이트가 세워질 때부터 지금까지 그 자리를 지키고 있던 것은 아니었다. 브란덴부르크는 1791년 프루시안의 왕이었던 프리드리히 빌헬름 2세의 명령으로 지어졌다. 게이트 위에 승리의 여신이 네 마리의 말이 끄는 마차를 탄 콰드리가(Quadriga) 조각상을 올렸는데 고작 10년이 조금 넘지 않아 나폴레옹에게 빼앗기고 말았다. 나폴레옹이 베를린

브란덴부르거 토어(Brandenburger Tor)

점령 후 전쟁 승리를 축하하며 게이트를 지나가다 콰드리가 상에 꽂혀버린 건지 부하들에게 조각상을 떼어 내 파리로 보내라고 명령한 것이었다. 어렵사리 바다를 건넌 조각상들은 별다른 빛을 발하지 못하고 창고에서 시간을 보내다 1814년 프루시안 군대가 나폴레옹 군대를 무찌르고 파리를 점령했을 때 다시 프루시안 군에 의해 베를린으로 돌아와 제자리를 되찾았다. 프루시안 군대의 승리를 기념하기 위해 이번에는 본래 있던 조각상 위에 철의 십자가와 프루시안의 상징 독수리가 더해졌다. 그 이후 이 게이트는 모든 역사적 이벤트의 중심지 역할을 했다. 물론 히틀러와 나치도 이 게이트를 힘의 상징으로 백 년 넘게 이용했다.

그렇게 장수할 것 같았던 게이트는 세계 2차 대전 말 폭탄에 의해 완전히 붕괴되지는 않았지만 큰 손상을 입게 된다. 베를린은 전쟁 후 네 개의 지역으로 쪼개졌고 게이트는 바로 그 경계선의 중심이 되었다. 1950년 쿼드리가는 완전히 제거되었고 이후 쿼드리가를 다시 만들 것인가를 두고 동쪽 베를린과 서쪽 베를린 간의 논쟁이 본격화되었다. 다행히 쿼드리가는 양측의 합의로 다시 지어졌지만 그 뒤에 또 한 번 제거되고 다시 올려지기를 반복하며 수난을 맞았다. 독일이 통일되고 베를린 장벽이 무너진 이후에야 다시 완전히 재건되었고 현재까지 그 모습을 빛내고 있다. 승리의 여신이나 그녀의 마차를 끄는 말이나 오랜 세월 동안 너무 많은 풍파를 겪어서인지 한밤중에 게이트를 지나며 잠시 위를 올려다보면 쿼드리가 주변을 비치는 아우라가 엄청나게 강해 앞으로는 그 어떤 일이 있어도 그 자리를 떠나지 않고 베를린 사람들을 지켜줄 것이라는 의지가 느껴지는 것만 같다.

한 국가가 남과 북으로 쪼개진 것도 이렇게 고통스러운데 독일은 전쟁 직후 프랑스, 영국, 미국, 러시아가 각각 관할하는 4개의 지역으로 나뉘었다. 베를린은 그 네 개의 지역이 모두 공존하는 카오스의 중심이었다. 베를린에 사는 사람이 겪었을 혼돈이 얼마나 컸을지 가히 짐작이 가지 않는 이유다. 2년이 지난 후에야 프랑스, 영국, 미국의 관할 구역이 하나로 통합되며 동독과 서독으로 분리되었다. 그러나 이때에도 베를린 안에는 동독과 서독이 공존했고 그 덕분에 도시 중심을 흉측하게 가로지르는 베를린 장벽을 두고 갈등의 접점으로서 오랜 세월을 보내야 했다. 베를린을 여행하는 동안 꼭 한 번은 보게 되는 장벽은 3.6미터 밖에 안 되는 높이인데 그 벽의 작은 파편 하나만 보고 있어도 가슴이 답답하게 조여왔다. 장벽을 넘다가 사망한 사람의 집계된 숫자가 138명에 이르고 5,000명이 넘는 사람들이 벽 위, 또는 벽 아래를 뚫고 도망가는 데 성공했다고 한다. 뛰는 놈 위에 나는 놈 있다더니 감시가 늘어갈수록 더욱 은밀하고 영리하게 경계를 넘어가는 사람들이 생겨났다. 그중 베트케(Bethke) 삼형제의 탈출 전략은 대다수의 독일인들이 알고 있는 가장 인상적인 이야기 중 하나로 회자된다. 1975년

베를린 장벽

잉고 베트케는 먼저 에어 메트리스를 타고 베를린 북쪽에 있는 엘베 강을 건너 서독으로 탈출 했다. 그리고 1983년 둘째 홀거 베트케는 작은 화살과 낚싯줄, 강철 케이블과 나무 도르래, 이 네 가지 도구로 탈출에 성공 한다. 그는 동독에 있는 5층짜리 아파트에 올라가 반대편 서독의 아파트 옥상으로 낚싯줄을 동여맨 작은 화살을 쏘아 붙였다. 맞은편 아파트에 있던 친구가 그 화살을 찾아 옥상 한쪽에 고정 시켰고 그 낚싯줄을 따라 전기 케이블을 밀어 넣었다. 그리고 마지막으로 그 전기 케이블 위에 나무 도르래를 올려 케이블을 타고 내려온 것이다. 〈나홀로 집에〉 영화에서나 볼 것 같은 허술한 방법이지만 함께 한 친구까지 모두 탈출에 성공한 걸 보면 운명이 아닐까 하는 생각마저 든다. 세 형제 중 마지막인 에그버트는 더욱 화려하게 서독으로 도망쳤다. 믿기 어렵지만 그는 날아갔다. 혼자가 아니라 그를 구하기 위해 다시 동독으로 넘어 온 잉고와 함께였다. 그들은 동독에서 운영하던 펍을 팔아 자금을 마련하여 작은 경비행기를 구매했고, 비행기 외관을 소련군의 비행기인 것처럼 장식했다. 물론 헬멧과 마이크를 착용하는 것도 잊지 않았다. 두 번째 시도 만에 서독의 국회 의사당 근처에 착륙해 결국 엄청난 영웅담 이야기와 함께 공식적으로 서독에 거주할 수 있는 '자유의 몸'이 되었다.

영화나 소설보다 더 다이나믹한 탈출 이야기는 언제 들어도 흥미롭다. 내 주변에서 일어난 일이 아니라고 생각해서 더 그럴지도 모르겠다. 돌이켜보면 우리나라에서도 2017년 죽기 직전까지 총을 맞으면서 남한으로 넘어온 북한군의 이야기로 뉴스가 채워졌었는데 베를린의 탈출 이야기는 내가 사는 도시 한가운데에서 일어나는 일이 아니다 보니 자꾸 남의 나라 일처럼 멀게 느껴지나 보다. 어제까지 아무것도 없던 우리 동네에 갑자기

철조망이 올라가고 시멘트로 만든 커다란 벽이 지어진다면 그리고 그 벽의 건너편에 어제까지 얼굴을 볼 수 있었던 친구, 동료, 가족이 살고 있다면 어떤 느낌일까 상상을 해보자. 그제서야 내가 처한 분단 국가의 비극이 다시금 실감이 난다. 그래서인지 독일 사람들, 특히 베를린 출신의 사람들은 한국인에 대한 연민이 깊다. 어디에서 왔냐는 질문에 한국에서 왔다고 하면 주저 없이 남북 관계와 통일에 대한 찬성 여부를 진지하게 묻는다. 아주 오래된 이야기 같지만 사실은 고작 30년밖에 되지 않은 분단의 아픔과 통일 이후의 진통을 열심히 설명한다. 마지막에는 항상 그럼에도 불구하고 그렇게 우연히 통일이 되어서 다행이라는 말과 대한민국도 얼른 평화롭게 통일이 되기를 바란다는 인사를 잊지 않는다.

베를린 중심에 위치한 유대인 대학살 추모관을 방문할 때면 꼭 손수건

유대인 대학살 추모관

이나 휴지를 챙겨가게 된다. 추모관 입구 옆 야외 공간에는 커다란 비석들이 빼곡하게 세워져 있다. 나치 시절 학살 당했던 유대인을 기억하고 위로하기 위한 묘석이다. 비석들 사이는 그늘이 감싸고 있고, 다른 곳에서 들리는 소리도 잘 들리지 않아 갑자기 세상과 격리된 공동 묘지 속에 들어온 것같은 착각을 일으킨다. 무덤도 관도 아니지만 그 커다란 공간 어느 한곳에 가만히 서 있으면 얼굴을 스치는 바람이 마치 묘석 사이 사이를 날아다니는 유대인처럼 느껴지는 때도 있다. 입구에서부터 영혼이 털리는 느낌이다.

추모관 안으로 입장하면 누구 하나 소리 내지 않는 엄숙함과 경건함에 압도당한다. 숨 쉬는 소리조차 실례가 되는 것 같아 조심스럽다. 추모관을 입장하면 가장 처음 유대인이 학살당한 역사가 시간 순으로 정리되어 있다. 그곳을 지나면 어떤 곳에서, 어떤 유대인이 어떻게 학살되었는지를 보여준다. 컴컴한 조명의 방 벽면에는 아주 커다란 숫자들이 쓰여있다. 도저히 상상이 되지 않는 숫자이지만 그것은 한 지역에서 학살당한 유대인의 수였다. 다른 방의 바닥에는 학살을 피해 도망 다니던 유대인들의 일기와 흔적, 죽음을 앞두고 기록한 메모, 다른 유대인들이 겪은 이야기에 겁을 먹고 절망에 빠진 엄마가 남겨진 가족에게 쓴 편지 등이 본래 형태 그대로 전시 되어 있다. 그리고 가끔은 실제 인물들의 사진과 영상도 함께 보여준다. 여기까지 오면, 이제껏 참았던 눈물이 터지고 만다. 주변을 돌아보면 이내 나처럼 코를 훌쩍이고 눈물을 떨어뜨리는 사람들이 보인다. 도저히 인간이 인간에게 저질렀다고 볼 수 없는 만행인데 이게 고작 100년도 되지 않은 일이라니 믿기지가 않는다. 이 때문에 독일인들은 그 누구보다 자신의 역사를 부끄럽게 생각한다. 그렇기에 후손을 철저히 교육하여 비슷한 역사가 반복되지 않도록 조심할 수밖에 없는 것 같다. 이미 벌어진 일을 시간을 되돌려 바꿔놓을 수 없다면 우리가 할 수 있는 일은 예방뿐이니 말이다. 그래서 나는 가끔 잘못되고 부끄러운 역사를 반성하지 않고 미화시켜 후손을 교육하는 국가들은 언젠가 다시 그 역사가 되풀이되는 고통을 겪게 될 것이라는 확신을 한다. 이렇게 과거 청산에 앞장서는 독일에서도 끔찍한 과거를 그리워하고 그때로 돌아가야 한다는 극우파 성향의 국민들이 늘어나는 이상한 사태가 벌어지고 있는데 하물며 왜곡된 역사 교육을 받고 자란 후손들은 얼마나 더 잘못된 가치관과 과거에 대한 향수를 가지게 될까 두려워진다.

2018년 봄이 완연했던 4월 베를린에 또 하나의 큰 뉴스가 터졌다. 500kg에 육박하는 대포가 발견되어 만 명이 넘는 시민이 대피해야 한다는 것이었다. 베를린 중앙역은 물론 박물관과 학교 등 큰 건물이 밀집되어 있는 시내 지역이라 더욱 위험하여 폭탄이 완전히 제거 될 때까지 모두가 마음을 놓을 수 없는 상태였다. KMDB(Kampfmittelbeseitigungsdienst)라 불리는 독일의 폭탄 제거 처리 특공대원들이 와 안전하게 폭탄을 해체하면서 소동이 모두 마무리 되었다. 폭탄을 제거하기 위해 특수 유니폼을 입고 출동하는 사람들은 헐리우드 영화에서나 보는 사람들인 줄 알았는데 독일에서는 누구보다 부지런히 일해야 하는 경찰 소속 공무원이었다.

사실 독일에 살다 보면 일 년에 대여섯 번은 '어느 지역에서 폭탄이 발견되어, 제거를 위해 대피를 하고 있다'는 뉴스를 듣는다. 폭탄이 발견되는 지역이 내가 사는 동네인 경우도 두 차례나 있었다. 집에서 15분 정도 떨어져있는 공원을 산책하려고 저녁에 길을 나서는데 도로가 온통 바리케이드로 막혀 있었다. 경찰들이 행인들을 돌려보내고 사이렌을 울리며 방송을 하기에 근처에서 범죄가 있었나 하는 끔찍한 생각에 듣고 있던 노래를 끄고 방송에 귀를 기울이니 내가 가려고 했던 공원에서 2차 대전 때 묻힌 대포가 발견되어 주변 통행을 모두 금지한다는 내용이었다. 3년 전에는 뮌헨, 2017년에는 프랑크푸르트에서도 같은 일로 많은 사람들이 공포에 떨었다. 세계 2차 대전이 끝난 지 70년이 넘는 세월이 지났지만 여전히 독일은 전쟁의 여파에서 완전히 벗어나지 못했구나, 어쩌면 아직도 그 전쟁 속에 살고 있는 것이 아닌가 하는 생각이 드는 순간이었다.

그도 그럴 것이 매년 독일에서는 2천 톤이 넘는 탄약이 발견된다고 한다. 옛 폭탄이 터져 많은 시민이 사상된 큰 사고는 없었지만 폭탄을 제거하다 사망한 폭탄 제거 특공대원, 공사 중에 땅 밑에 묻힌 탄환을 건드려 사망한 노동자의 소식을 들으면 끔찍하다. 게다가 해가 갈수록 오래된 포탄의 제거가 훨씬 더 어려워지고 더 위험해진다고 해서 걱정도 함께 늘어간다. 함께 베를린을 여행하던 친구는 새로운 건축물을 지을 때마다 그곳에 폭탄이 있는 지 철저하게 점검하고 확인을 받는데도 불구하고 또 어디선가 이렇게 포탄이 나오는 걸 보면 자신들이 저지른 악명 높은 전쟁의 트라우마에서 완전히 벗어나기까지 한 세기가 걸릴 것 같다며 한숨을 쉬었다. 분단의 역사보다 더 크게 독일인들을 짓누르는 것은 전쟁의 역사임이 분명하다.

한국 음식이 베를리너 입맛을 사로 잡다!

최근 베를린에서 한국 음식이 선풍적인 인기를 끌고 있다는 뉴스를

접하고 어깨가 들썩였다. 독일 중에서 한국인 커뮤니티가 가장 큰 도시가 베를린이라 예전부터 한국 사람이 운영하는 식당이나 식품점이 많이 있었지만 대개 손님은 한국인이었다. 특히 한국인 유학생이 가장 많았다. 워낙 외국인이 많고 또 새로운 것에 대한 거부감이 없는 젊은 인구가 많아 다른 도시와 비교하면 음식 트렌드도 역동적으로 변하는 편이지만, 그래도 한국 음식이 이렇게 지난 10년간 핫한 아이템이 된 것은 예상 밖이었다. 비빔밥을 아는 사람을 만나면 너무 반가워 눈물이 날 지경이던 다른 도시 사람들과는 반대로 베를린 사람들은 '김치 알아?', '비빔밥 알아?' 하는 질문에 촌스럽다고 고개를 저으며 입 다물고 고추장이나 더 달라고 할 것 같은 기세다. 번화가 거리에 한 집 건너 한 집으로 세련된 한국 음식점이 들어섰고 이스트 사이드 갤러리가 있는 힙스터 동네에는 한국식 비빔밥을 먹기 위해 오후부터 줄을 서있는 독일인들이 보인다. 그리고 잡지에서는 '올해의 음식'으로 한국 음식을 소개하며 열풍에 더 불을 지피고 있다.

베를린의 한국 음식이 특별한 것은 가장 흔히 알려진 비빔밥이나 불고기, 김치의 인기 때문만은 아니다. 되너 케밥처럼 저렴하고 캐주얼한 음식을 빨리 먹고 가는 베를리너의 문화에 발맞추어 한국 퓨전 음식을 개발하여 성공한 음식점과 푸드 트럭도 트렌드 형성에 큰 몫을 했다. 햄버거 빵에 불고기를 한가득 올려주거나 잘 튀겨낸 감자튀김 위에 볶은 김치 소스를 얹어 준다. 또르띠야 빵 위에 갈비와 치즈를 아낌없이 넣고는 그릴에 구워 브리또처럼 만들어 주는 푸드 식당도 있다. 매운 김치 감자튀김이라니, 이 조합 왠지 한국에 꼭 수입해 와야만 할 것 같다. 찹쌀떡이나 식혜를 주던 옛날 디저트를 뛰어넘어 최근에는 아이스크림을 한 스푼 업고 있는 따뜻한 호떡이나 붕어빵, 녹차 카스텔라를 선보이는 곳도 많다. 베를린에서 한국 음식 열풍은 이제 시작인 것 같다. 이곳에서 성공한 사업가들이 다른 지역에도 정말 맛있고 멋있는 한국 음식을 선보여 독일 전체에 붐을 일으켰으면 좋겠다. 그런 날이 무척 기다려진다.

아무나 들어갈 수 없는 악명 높은 클럽 베르가인(Berghain)

독일에서, 아니 유럽에서 가장 유명한 클럽은 누가 뭐래도 베르가인이다. 세계 최고의 클럽으로도 몇 번이나 선정된 곳이다. 베를린에 살았다거나 여행한 적이 있다고 말하면 누군가 한 명은 꼭 '엇, 그럼 너도 베르가인 클럽 갔다 와봤어?'라고 물어볼 것이다. 클럽이 유명한 이유는 음악이 너무 좋아서도 클럽 인테리어가 대단히 멋있어서도 아니다. '가장 이상한' 클럽이기 때문이다. 베르가인은 언제나 입구 앞에 100미터가 넘는 긴 줄의 사람들이 서 있다. 클럽이 오픈 하기도 전에 미리 가서 줄을 선 사람들도 있다. 클럽의 규모가 충분히 큰데도 이렇게 발버둥을 치는 것은 클럽의 문지기가 누구를 언제 들여 보낼 것인지 완전히 자의적으로 판단하기 때문이다. 예쁘거나 멋있어서, 옷을 잘 입는다고 입장 할 수 있는 것은 아니다. 전적으로 그 문지기의 주관적 판단에 달려 있다.

이 특별한 문지기 때문에 인터넷에는 베르가인에 입장하는 전략과 방법에 대한 수십, 수백만 개의 포스팅이 난무한다. 어떤 사람들은 문지기가 동성 연애자로 보이거나, 약에 취해 있는 다소 미친놈처럼 보이는 사람을 선호한다고 주장하고 또 어떤 블로거는 절대 로퍼를 신지 말라고 경고한다. 눈에 띄지 않는 검정색 옷을 입는 것도 클럽에 입장하지 못할 확률을 높이고 덜떨어지게 입구 앞에서 카메라를 들고 셀카를 찍는다면 그 자리에서 바로 탈락이라고 경고한다. 이 중 어떤 것이 얼마나 맞는 충고인지는 아무도 알 수 없지만 대체적으로는 나를 가장 돋보이게 하는 '특별하고 독특한' 의상을 착용하고 클럽 안에서는 어떤 일이 일어나도 상관 없다는 여유와 자신감이 담긴 눈으로 클럽을 향해야 성공할 확률이 높다는데 동의하는 것 같다.

클럽의 음악은 완전히 하드코어 테크노다. 클럽에 다녀간 DJ는 단연 세계적으로 손꼽히는 테크노 DJ들이다. 클럽의 건물은 아주 크고 웅장하다. 베를린 어디서든 볼 수 있는 그라피티로 마구 얼룩져 있는 외관이다. 음악이나 건물만 봐서는 사실 이 클럽이 여전히 왜 이렇게 특별한 것으로 소문이 난 건지는 알 수 없다. 오직 그 안에 들어가 본 사람만이 알 수 있다. 클럽을 다녀온 사람들의 이야기를 들으면 그 안에는 우리가 일상에서 한번도 만나보지 못한 거칠고 이상한, 또라이 같은 사람들로 가득하다. 비위가 약한 사람이라면 들어가자마자 충격을 받고 다시 문밖으로 튕겨져 나올 만큼 적나라한 장면들도 연출된다. 동성 연애자나 트렌스젠더의 성행위, 나체로 춤을 추고 있는 사람들, 아무렇지 않게 마약을 하고 있는 정신 나간 사람들. 그래서 클럽 안에 들어가는 순간부터 모든 휴대용 기기는 사용이 금지 된다. 미국의 유명 가수 레이디 가가가 이 클럽을 자신의 새 앨범을 런칭하는 쇼 무대로 결정한 것도 아마 묘사할 수 없는 특별한 클럽의 이미지를 자신의 이미지에 투영하고 싶어서였는지도 모른다. 그래서 그녀는 무대에 속옷 같은 옷만 입고, 가짜 수염을 단 채 등장했다.

베르가인 클럽은 베를린의 미래를 보여주는 것 같다. 건물 외벽에 있는 그라피티처럼 규칙이나 틀이 없고, 각자의 개성을 뽐내는 사람들로 가득하며 낡고 부패된 건물과 최첨단 기술이 공존하는 도시. 매력적이지만 불편한 마음이 들만큼 지나치게 자유롭고, 저렴하지만 완전히 싸구려 같지는 않은 참 모순적인 형용사들이 한꺼번에 생각나는 곳. 베를린이야 말로 참 '이상한' 도시가 아닌가 싶다.

화려한 역사가 건축물에 그대로 녹아 있는 드레스덴

구시가지가 가장 아름다운 도시는 드레스덴이라고 마음을 굳혔다. 엘베 강 건너편에서 바라보는 드레스덴의 모습은 말 그대로 그림 같다. 화려하고 찬란한 모습을 보고 있으면 도저히 이곳이 세계 2차 대전에서 완전히 폐허가 되었던 곳이라고는 상상이 되지 않는다. 그러나 드레스덴은 2차 대전이 거의 끝나갈 때, 즉 나치의 패배가 완전히 확실해졌을 때까지도 연합군의 공습을 받았다. 1945년 2월 13일부터 15일, 이 3일 동안 받은 공습에서 2만 5천 명이 넘는 시민이 사망했고 대부분의 건물이 파괴되었다. 2차 대전 이후의 드레스덴 모습을 찍은 사진을 보면 처참하다 못해 절망스러울 정도로 폐허가 된 도시의 모습만이 보인다. 겨우 몇 개의 건물 외벽만이 힘들게 버티고 있었으니 말이다. 도대체 몇십 년 만에 어떻게 이렇게까지 도시를 재건할 수 있는지 믿을 수 없어 자꾸만 옛 사진을 찾아 보게 된다.

드레스덴의 구시가지를 아름답게 빛내는 츠빙거(Zwinger) 궁전, 드레스덴 성, 젬퍼 오페라 하우스(Semperoper)와 프라우엔 교회(Frauenkirche)의 건물을 살펴보면 특이한 점이 눈에 띈다. 건물의 벽돌 색이나 건물을 꾸미고 있는

조각상의 색이 고르지 않고 조금씩 다르다는 것이다. 어떤 부분은 아주 어두운 고동색을 띄고, 또 완전히 검정색으로 보이는 것도 있으며 또 다른 한쪽은 밝은 베이지 색을 띤다. 드레스덴 건물은 모두 사암을 사용했는데 이 돌은 시간이 지날수록 산화되어 검게 변하는 특성을 지닌다. 따라서 어두운 부분이 많은 벽돌은 전쟁 중에 무너지지 않고 살아남았거나 다시 수집되어 재건축에 사용된 오래된 돌이라는 것을 추측할 수 있다. 전쟁으로 폐허가 된 도시를 재건하기 위해 많은 건축가들과 도시 계획자들이 모여 논의를 하기 시작했고 건물들을 빠른 시간 내에 다시 짓기 위해서는 전쟁에서 살아남은 건물 외벽이나 골조를 유지하고, 건축 자재를 재활용 하는 것이 가장 효과적이라는 판단을 내렸다. 수많은 자원 봉사자들이 땅에 부서

드레스덴 프라우엔 교회

져 내린 돌무더기를 직접 치워 나르고 그 속에서 다시 사용할 수 있는 사암 들을 솎아 내어 다시 건물에 투입하면서 지금과 같은 특별한 모습으로 재 탄생한 것이다. 단순히 전쟁 중에 화염 폭탄을 맞아 까맣게 그을린 것이 아 닌, 재건축의 역사가 건물 안에 녹아 있었다는 것이 정말 흥미롭다.

많은 건물 중 가장 늦게 재건된 것은 프라우엔 교회이다. 이 교회를 이야기하려면 빠질 수 없는 인물이 작센 선제후 아우구스투스 1세다. 본 래 작센은 루터의 영향을 받은 개신교(Protestant)였다. 그러나 아우구스투스 는 가톨릭 국가였던 폴란드의 왕이 되기 위해 1697년 가톨릭으로 개종했 고 이 때문에 작센에서 아주 많은 비판과 원성을 샀다. 그런 비판을 잠재 우기 위한 한 방편으로 본래 가톨릭 성당이었던 프라우엔 교회를 개신 교 회로 재건하는 것을 적극 지원했다고 한다. 이 교회의 둥근 돔은 루터 교의 상징이 되었다. 이 교회 역시 2차 대전 중 대부분 파괴되었다. 그리고 45년 간 재건되지 못한 채 남아있었다. 독일이 통일된 뒤 1년이 더 지난 1990년 이 되어서야 본격적으로 교회 재건을 위한 모금 운동이 시작 되었다. 시민 들의 기부금과 서독의 지원금과 더불어 영국과 미국의 큰 지원금이 합해져 1994년 재건축에 착수했다. 공사는 무려 10년 동안 이어져 2005년 10월 30일, 교회가 파괴된 지 60년 만에 다시 시민들에게 개방되는 영광을 맞았 다. 교회 재건에 쓰인 1억 3천 유로가 모두 기부금과 지원금으로 이루어졌 다는 사실만으로도 왜 드레스덴 사람들이 이 교회를 기적의 상징이라고 여 기는 지 이해할 수 있을 것 같다.

드레스덴의 또 다른 상징은 포르셀린(Porcelain, 자기)이다. 드레스덴은 중 세 아우구스투스가 통치하던 시절 오레 산맥에서 채굴한 은과 금으로 큰 부를 누린 곳이었다. 그러나 채굴량이 조금씩 줄어들면서 아우구스투스는 고민에 빠지기 시작했다. 그즈음 그는 18살 소년 요한 보트거(Johann Boettger)라는 연금술사가 비금속을 금으로 만드는 능력이 있다는 소문을 듣고 그를 잡아 감옥에 가두어 금을 만들어 내도록 지시했다. 요한은 금을 만들 수는 없었지만 아주 영리한 탓에 금을 만드는 대신 아우구스투스가 사랑하는 중국 포르셀린을 만드는 비법을 알아오겠다고 제안했다. 포르셀린에 거의 중독되다시피 집착을 하던 아우구스투스는 결국 이 제안을 받아들였다. 중국과 일본에서만 만들어지는 신비한 포르셀린을 유럽에서 직접 만들 수만 있다면 금을 거래하는 만큼의 부를 쌓을 수도 있었기 때문이다. 이는 여러모로 아우구스투스의 입맛에 맞는 제안이었다. 기적인지 능력인지 요한은 약속대로 1709년 포르셀린을 만드는 방법을 완벽하게 알아냈다. 아우구스투스는 곧바로 유럽 최초의 포르셀린 공장을 만들었고 그를 통해 쌓게된 엄청나게 많은 부로 드레스덴의 아름다운 궁전, 성, 성당을 지을 수 있었다. 그리고 정말 아이러니하게도 오늘날 독일의 포르셀린을 가장 많이 수입하는 나라는 바로 중국이라고 한다.

독일에서 가장 아름다운 '화가의 길', 작센슈바이츠 국립공원

드레스덴에서 기차를 타고 30분 정도 가면 닿을 수 있는 극동 지역에 체코와 사이좋게 절반을 나누어 가진 커다란 국립공원이 있다. 독일에 있는 공원은 작센슈바이츠 국립공원으로, 체코 국토에 있는 부분은 체스키 슈비 차르스코 국립공원이라고 부른다. 오래도록 아름답다는 소문을 들었지만 너무 끝자락에 자리잡고 있다보니 접근성이 좋지 않아 계속 미루어

왔던 목적지였다. 게다가 뮌헨에 사는 동안 알프스 산맥에 있는 등산로란 등산로, 호수란 호수는 다 가보았을 정도라 이 작센슈바이츠 공원의 산에 대한 호기심이 아주 많지는 않았다. 그러나 도착 첫날부터 내 오만했던 생각이 부끄러워질 정도로 이곳은 특별했고, 낭만적이며, 황홀했다. 여행 책자나 인터넷을 찾아보면 어디든 독일에서 가장 아름다운 트레킹 코스라고 소개된다. 그리고 그 소개 문구는 정말 과장이 아니다. 지금도 누군가 독일에서 꼭 한 곳만 여행해야 한다면 어디를 추천하겠느냐고 묻는다면 그 어떤 대도시나 알프스가 아닌 이 화가들의 길을 알려줄 테니 말이다.

작센슈바이츠 공원은 화가들의 길(Mahlerweg)이라는 별명으로 더 많이 알려져 있다. 18세기 유명 화가들이 이곳에서 큰 영감을 받고 이를 배경으로 한 작품을 많이 내놓은 덕분이다. 시작은 독일의 유명 화가 요한 알렉산더 틸레(Johann Alexander Thiele)였다. 틸레는 죽는 날까지 드레스덴을 통치했던 아우구스투스 3세를 위한 궁정 화가로 일했다. 그의 작품은 주로 드레스덴에 흐르는 엘베 강과 작센슈바이츠 공원에 있는 쾨니히슈타인 요새와 산의 풍경이었다. 틸레의 뒤를 이어 역시 작센 주에서 궁정 화가로 일한 이탈리아 화가 베르나르도 베요토(Bernardo Bellotto)도 비슷한 풍경을 주제로 그림을 그려 이 지역의 아름다움을 알렸다. 18세기 말 드레스덴의 예술 학교 학생이던 아드리안 징크(Adrian Zingg)와 안톤 그라프(Anton Graff)는 드레스덴에서 작센 슈바이츠 공원까지 연결되는 아름다운 트레킹 길을 작품의 주제로 자주 이용했고 시간이 지나면서 자연스럽게 이 지역은 예술가들의 메카로 자리잡았다. 앞서 말한 화가들을 모두 모르더라도 아마 또 다른 독일의 낭만파 화가 카스파 다비드 프리드리히(Caspar David Friedrich)가 그린 사암 산의 풍경을 어디선가 한 번은 본적이 있을 것이다. 이 그림이야 말로 뾰족하게 솟아있는 사암 산을 작센 슈바이츠 공원의 대표적인 상징으로 굳히게 만든 중요한 작품이다.

물론 화가들이 직접 본인들이 걸었던 길을 화가의 길이라고 명한 것은 아니었다. 2000년대에 와 여행 협회에서 작센슈바이츠 공원의 아름다움을 널리 알리기 위해 화가들이 걸었던 길을 다시 되짚어 '화가들의 길'이라는 멋진 이름으로 재정비하며 붙여지게 된 이름이다. 이렇게 다시 탄생한 화가들의 길은 드레스덴에서 시작해 피르나를 지나 엘베 강을 옆에 끼고 산맥을 따라 체코 국경선까지 이끈다. 장장 112km 가까이 되지만 그 길이 반복적이지 않고 매 구간마다 완전히 다른 풍경이 펼쳐져 조금도 지루

작센 슈바이츠 국립공원의 바스타이(Bestei)

할 틈이 없다. 가는 곳마다 진심 어린 감탄사가 나온다. 국토대장정처럼 이 틀간 이 루트를 완주하는 트레킹 프로그램도 인기가 좋지만 이것이 부담스럽다면 가장 가고 싶은 명소만 몇 곳을 선택해 그 구간만 다녀와 보는 것도 가능하다.

바스타이(Bestei)는 절대 빼놓을 수 없다. 유럽에서 가장 유명한 암반 성상이자 이 공원의 첫 번째 랜드마크이다. 엘베 강을 바로 앞에 두고 산 중간에 솟아 있는 바위들을 보다 더 가까이서 느끼고 감상할 수 있도록 바위와 바위를 잇는 다리가 지어졌다. 1824년에 처음 지어진 다리는 목재 다리였으나 1851년 사암으로 다시 지어졌다. 사암과 바위의 색과 질이 완벽히 조화롭기 때문인지 멀리서 보는 모습이 마치 바위와 다리가 원래 늘 그렇게 있었던 것처럼 보인다. 바스타이를 가는 가장 좋은 방법은 슈타트 발렌(Stadt Wehlen)이나 라텐(Rathen)이라는 작은 기차역에서 40분 가량 화가들의 길을 따라 올라가는 것이다. 두 기차역 중 한 곳에서 출발하여 바스타이를 구경한 뒤 다른 한 기차역으로 내려오면 전 구간에 다른 풍경을 감상하는 일석이조의 즐거움을 얻을 수 있다. 올라가는 산길은 울창하게 우거진 숲 사이 각기 다른 모양의 바위와 바위 절벽, 골짜기가 눈을 즐겁게 해준다. 굉장히 깨끗하게 잘 보존되어 있어 평소에 잘 보지 못하는 다양한 달팽이도 자주 만난다. 집이 있는 달팽이와 없는 달팽이, 검정 달팽이와 흰 달팽이, 빨간 달팽이를 구경하며 걷다 보면 순식간에 바스타이에 다다른다. 마침내 다다른 바스타이 다리에서 보는 릴리엔슈타인 산, 쾨니히슈타인 요새, 엘베 강과 강 옆의 마을의 풍경은 도무지 묘사할 길이 없다.

바스타이를 구경하고 라텐이나 발렌 마을로 다시 내려오면 기차역

까지 가기 위해 엘베 강을 건너는 통통배를 타게 된다. 한 번 배를 타는데 1~2유로가 들고 거의 항상 30분 간격으로 배가 다녀 불편함은 없다. 이 정도의 관광객이면 엘베 강, 적어도 기차역 근처에는 다리를 지을 법도 한데 왜 여전히 이렇게 통통배를 운영하는 걸까 궁금해 게스트하우스를 운영하는 아주머니께 물어보니 첫 번째는 자연의 경관과 자연을 보호하는 것이 작센 슈바이츠 공원에 가장 중요한 의무이기 때문이고, 두 번째는 아무리 관광객이 많다 한들 다리를 짓는 것보다 통통배를 운영하는 것이 훨씬 비용이 저렴하기 때문이라고 했다. 그래, 이렇게 깨끗하고 아름다운 곳에 다리를 또 하나 짓는다면 옛날 이 길을 걸으며 그림을 그렸던 화가들의 작품 속의 엘베 강과 주변 마을의 모습과는 많이 다른 모습이 되겠지. 게다가 공사 내내 강 아래에 있는 많은 생물들이 고통스러워 할 테고 통통배를 운영하는 사람들은 먹고 살 방법이 또 하나 없어지는 것이 될 것이다. 그런 이야기를 하고 다음날 배를 타니 있는 정 없는 정이 다 드는 것만 같았다.

또 하나의 추천 장소는 슈람슈타인(Schrammstein)의 룩 아웃 포인트 (Lookout point)이다. 슈람슈타인은 우리말로 하면 이암, 진흙이 굳어져 생긴 암석이라고 한다. 이런 암석이 아주 길고 높게, 그리고 들쭉날쭉하게 산봉우리를 장식한다. 산을 걷다 보면 자주 몸에 안전줄 하나만 걸친 채 암석을 등반하는 익스트림 산악인들을 자주 본다. 멀리서 보고만 있어도 오금이 저릴 정도로 가파른데도 뚝딱뚝딱 바위를 오르는 걸 보면 쉬운 등산길에도 헉헉대는 내 자신이 조금 부끄러워진다. 슈람슈타인의 정점으로 걷는 가장 쉬운 길은 바드 산다우(Bad Schandau)라는 마을에서 시작하는 화가의 길 구간이다. 약 2시간 정도 가벼운 등산을 하면 갑자기 어느 부분부터 가파른 바위 계단과 바위 위에 설치한 철봉 계단이 등장하는데 여기부터가 슈람슈타인의 입구라고 생각하면 된다. 계단이라고 해 봤자 막대기를 여러 개 붙여 연결해 놓은 것이라 옆에 있는 안전 봉을 잡고도 무서워 몸이 바들바들 떨린다. 그렇게 계단을 몇 번 오르고 나면 어느 순간 하늘 바로 아래에 서 있는 것처럼 사방이 탁 트인 바위 꼭대기 위에 올라와 있다. 바람이 강해 균형을 잃으면 바위 아래로 떨어질 것만 같은데 겁 없는 사람들은 그곳에서 엉덩이만 바위에 걸쳐놓고 간식을 먹으며 광활한 풍경을 오래도록 만끽한다. 바위와 바위를 껑충껑충 옮겨 다니며 슈람슈타인의 꼭대기를 한 없이 걸을 수도 있다. 겁이 많은 나는 조금 걷다가 안전 밧줄이 없는 구간에서 포기하고 지켜만 보다 내려왔지만 다시 갈 수 있는 기회가 있다면 사람의 형체가 보이지 않을 만큼 먼 곳까지 바위를 타고 하늘을 걷는 기분을 만끽하고 싶다. 아무래도 청심환을 한 개 가지고 가야겠다.

☑ BRLO(비어가든)

웹사이트 brlo-brwhouse.de
주소 Schöneberger Str. 16, 10963 Berlin
ⓖ 52.500062, 13.373633

☑ 무스타파 야채 케밥(Mustafa's Gemüse Kebap)

주소 32 Mehringdamm, 10961 Berlin
ⓖ 52.493801, 13.388039

☑ 더 반 카페(THE BARN Café)

웹사이트 thebarn.de
주소 Auguststraße 58, 10119 Berlin
ⓖ 52.527410, 13.398245

☑ 이스트사이드 갤러리(베를린 장벽)

웹사이트 eastsidegallery-berlin.com
주소 Mühlenstraße 3-100, 10243 Berlin
ⓖ 52.505022, 13.439695

☑ 유대인 학살 추모관

웹사이트 stiftung-denkmal.de
주소 Cora-Berliner-Straße 1, 10117 Berlin
ⓖ 52.513952, 13.378705

☑ 알테마이스터(Alte Meister, 카페 & 레스토랑)

웹사이트 altemeister.net
주소 Theaterplatz 1A, 01067 Dresden
ⓖ 51.053632, 13.734400

☑ 오가닉 아이스크림(Bio-Eiscafé Caramello)

주소 Wühlischstraße 31, 10245 Berlin
ⓖ 52.509822, 13.456996

☑ Mmaah(퓨전 한국 음식점)

웹사이트 mmaah.business.site
주소 Nollendorfstraße 31, 10777 Berlin
ⓖ 52.497760, 13.352542

☑ 작센 슈바이츠 국립 공원
　(Nationalpark Sächsische Schweiz)

웹사이트 nationalpark-saechsische-schweiz.de
주소 W77J+RF Bad Schandau
ⓖ 50.914562, 14.281188

북부 지역

독일에 품는 가장 큰 불만은 언제나 흐리고 음산한 날씨였다. 씩씩하게 아침을 맞이하고 싶다가도 창밖에 또다시 추적추적 내리는 비바람을 보면 뜨거운 핫초콜릿을 한 잔 먹지 않는 이상 이불 밖으로 도저히 나갈 수가 없었다. 하지만 이런 볼멘소리는 북부 출신 친구들 앞에서는 감히 할 수 없었다. 하루 종일 해가 화창하게 떠 있는 날이 일 년에 일주일밖에 되지 않을 거라는 친구의 슬픈 투정에 이길 재간이 없기 때문이다. 언제나 강한 바다 바람이 불고 흐린·북쪽의 사람들은 날씨와는 달리 개방적이고 사교적인 편이다. 아무래도 바다가 주는 에너지인 것 같다. 물을 좋아하는 사람치고 나쁜 사람이 없다는 함부르크 사람들의 시덥잖은 농담처럼 말이다. 남부 지방 사람들은 북부 지방에서 온 독일인들을 생선 머리(Fischkopf)라고 놀려대지만 그들은 '그게 뭐 어때서! 고작 바닷가가 가깝다고 우리에게 생선 머리라는 단순한 별명을 붙여 주지만, 그들이야 말로 신선한 생선이 없어서 뭐가 들었는지 알 수도 없는 흰색 소시지를 음식이라고 먹는 불쌍한 민족이 아니니?'라며 쿨하게 응대한다.

'구텐 모르겐(Guten Morgen)'이라는 표준 인사법은 북부 지역에선 잘 들리지 않는다. 그곳에서 모든 인사는 '모잉(Moin)'으로 통한다. '안녕', '반가워', '오늘은 어때?', '좋은 하루 보내' 등과 같은 일상적인 안부 인사가 이한 단어에 다 함축되어 있다. 그러고 보면 북쪽 사람들은 시답잖은 농담을 꽤나 잘 하지만, 필요한 말은 가장 효율적으로 짧게 뱉어 버리는 것 같다. 궁금하지 않은데 오늘 하루가 어땠냐고 주저리 주저리 스몰 토크를 늘어놓는 대신 '모잉(Moin)'과 '나~(Naaa, 모잉과 같은 뜻으로 사용)'라는 말로 대화를 정리해 버린다.

완벽한 예술의 도시 함부르크

함부르크를 묘사할 수 있는 특징은 무척 많다. 비틀즈가 탄생한 곳, 독일에서 가장 큰 홍등가를 자랑하는 곳, 항구의 야경이 아름다운 곳, 유럽에서 두 번째로 큰 항구를 소유한 곳, 독일의 부자들이 가장 많이 살고 있는 도시 등이 그것이다. 누군가 내게 함부르크를 묘사해보라고 한다면, '도시 전체가 한 뮤지컬의 배경 무대 같은 곳'이라고 말하고 싶다. 아무 소리가 들리지 않는데도 항구를 걷다 보면 음악 소리가 들리는 것 같고, 키가 크고 어깨가 딱 벌어진 사람들은 다들 배우처럼 멋있다. 또, 배를 타고 지나는 길에 보이는 야외 극장과 미디어 회사들, 옛 창고 건물들도 하나의 세트장처럼 완벽하다.

함부르크의 슈파이셔슈타트(Speicherstadt)는 유네스코에 등재된 문화 유산이다. 세계에서 가장 큰 창고 단지로 그 규모만 260,000 평방미터에 달한다. 거대한 빨간 벽돌 건물이 엘베 강의 한 줄기를 따라 줄지어 서 있다. 17개의 건물이 다 똑같은 모습, 똑같은 높이로 지어져서 밤 조명에 비춘 건물을 보면 완전히 다른 세계 안에 갇힌 것 같다. 이 거대한 벽돌 창고 건물들은 오크 나무 위에 지어졌다고 한다. 그래서 꼭 물 위에 그냥 건물들이 떠 있는 것처럼 보이기도 한다. 19세기 말부터 지어진 이 창고들은 당시 유럽에서 가장 큰 항구이자 면세 지역으로 지정되며 세계 각국의 무역인들을 맞이했다. 커피나 차, 초콜릿, 향신료 등 당시 수입품의 대부분이 함부르크를 통해 들어왔다.

슈파이셔슈타트(Speicherstadt)

지금 이 창고 단지는 무역이나 화물 저장소가 아니라 새로운 예술 메카 역할을 하고 있다. 건물의 어떤 공간은 아티스트들이 저렴하게 임대하여 작품 활동을 하고, 워크숍을 열기도 하며 또 스타트업 기업들이 사무실로 쓰기도 한다. 몇 공간은 카페와 상점으로 채워지고 있다. 배를 타고 지나가다 보면 건물 안에서 풍겨 나오는 진한 커피 향과 커피 콩을 가는 소리에 저절로 발길이 카페로 향하기도 한다. 카페 안에는 슈파이셔슈타트의 커피 역사와 커피 무역, 커피의 종류에 대한 깨알같은 정보가 자세히 적혀 있다. 19세기에 사용했던 커피 그라인더와 에스프레소 기계 구경은 그 어떤 골동품 가게보다 훨씬 재미있다. 이곳에서는 커피를 내려 주는 언니 오빠의 여유와 자신감을 따라갈 길이 없다. 한 사람의 주문을 받은 뒤 오래도록 천천히 커피를 직접 내려 데코를 해 주고 나서야 그 뒷사람의 주문을 받고 있기 때문이다.

함부르크의 주말 저녁은 지루할 틈이 없다. 홍등가와 클럽, 뮤지컬 극장 등 파티를 할 수 있는 장소가 너무나 많기 때문이다. 시끄러운 것이 이도 저도 다 싫으면 야간 유람선을 타고 밤의 운하를 구경하면 된다. 다만 이곳에서 잊을 수 없는 밤을 보낸 뒤 몰려오는 숙취를 해결하는 '함부르크적'인 방법은 일요일 아침 일찍 문을 여는 수산시장에 가는 것이다. 숙취에 해산물이라니 왠지 괜찮았던 속도 다시 뒤집힐 것처럼 어울리지 않을 것 같지만, 시장이 문을 여는 오전이 되면 그 전날 밤을 꼬박 새고 생선 샌드위치를 먹으러 온 파티 남녀들로 꽉 차는 시장의 모습에 깜짝 놀랄 것이다. 심지어 이곳에서 해장 술도 마시니 말이다.

이곳에서 가장 인기가 많은 것은 날생선이 들어간 생선 샌드위치다.

소금이나 식초 양념에 절여진 생선을 독일식 바게트 빵 사이에 끼워 양파와 상추를 조금 얹어 주는 게 전부다. 튀긴 생선을 넣은 샌드위치보다 훨씬 더 부드럽고 생선 고유의 맛이 강하게 느껴지지만 솔직히 나는 도대체 왜 이런 것을 아침부터 먹어야 하는 것인지 이해가 가지 않는다. 게다가 이보다 더 독특한 것은 '롤몹'이라는 놈이었다. 롤몹은 식초와 와인 소스에 오래도록 절여진 청어 살을 돌돌 말아 이쑤시개에 끼워 주는 에피타이저 같은 메뉴다. 어떤 곳은 청어 안에 피클 당근과 양파를 넣어 말아주기도 하고 바게트와 함께 내어 주기도 한다. 하지만 역시 내 입맛엔 해장국이 최고다. 비릿하고 시큼한 생선은 함부르크 사람들에게 모두 양보할 테다.

나 혼자 소유한 것 같은 아름다운 해변

독일 북해의 가장 큰 장점은 그 어떤 일도 일어나지 않을 것 같은 평화로움이다. 나만 빼고 온 세상이 정지되어 있는 것처럼 고요하고 한적하다. 워낙 인구가 많지 않아서 아무리 붐비는 휴가철에 가도 레스토랑에 가지 않는 이상은 사람과 가까이서 부딪힐 일이 없다. 내가 원하는 만큼, 딱 그만큼 바다와 모래사장의 공간을 소유할 수 있다. 날씨가 화창해 언제나 태닝을 하려는 유럽 관광객들로 붐비는 프랑스나 이태리의 남부 해변보다는 나는 독일의 북부 해변이 좋았다. 남들이 모르는 나 혼자만의 공간에 온 것 같아서였다. 시끄럽게 떠드는 소리, 지저분하게 무언가를 파는 장사꾼들도 없고 그저 눈앞에 지나가는 것은 손을 꼭 잡고 걷는 은퇴한 노부부나 수건 위에 누워 낮잠을 청하는 젊은 커플, 개를 끌고 한없이 바닷가를 거닐고 있는 독일인들, 저 멀리 바다 한가운데서 서핑을 즐기고 있는 몸

팀멘도르퍼 해변(Timmendorfer Strand)

좋은 청춘 남녀밖에 없기 때문에 있는 그대로의 바다를 마음껏 즐기고 올 수 있었다.

한국의 밤바다는 조금 무서웠다. 누군가 밤에 바다 한가운데서 물 아래를 오래도록 쳐다보고 있으면 물의 어떤 힘에 이끌려 물속에 뛰어들게 된다고 밤에 바닷물을 바라보지 말라고 했었기 때문인지도 모르겠다. 정말로 한국에서 밤에 바다를 보고 있으면 한을 품고 바다에 뛰어든 죽은 사람의 영혼이 나를 끌어당길 것 같아 섬뜩해지는 적이 있었다. 그런데 함부르크의 바다는 아주 오랫동안 그 물을 쳐다보고 있어도 마음이 편안했다. 이렇게 아름답고 부유한 곳에 누가 그렇게 한을 품겠나 싶어서인지 모르겠다.

독일의 바다 모래사장에는 아주 깜찍한 2인용 바구니 의자(Strandkorb)가 햇빛을 향해 귀엽게 자리잡고 있다. 작고 아담한 이 의자는 밑에 두 개의 간이 수납장이 있어 물건을 보관할 수 있고 오색무늬의 쿠션 좋은 쇼파를 앞뒤로 젖혀가며 누울 수도 있으며 의자 위에 달린 천막을 움직여 받고 싶은 햇빛의 양을 조절할 수도 있다. 연인과 함께 이 좁은 의자에 앉으면 다른 사람들의 눈에 띄지 않고 일정 수준의 애정행각을 벌일 수도 있다. 군더더기 하나 없이 최소의 공간에 최대의 기능을 가지고 있으니, 이거야 말로 딱 독일 스타일이다. 나는 이 바구니 의자가 너무나 탐났다. 또한, 멀리서 의자들이 모여 있는 해변을 보면 꼭 모래사장에 모여 있는 조개 껍데기들을 보는 것 같아 기분이 좋아진다.

짖는 개가 없는
독일

　독일 해변에는 사람보다 더 행복한 미소로 바닷물을 수영하는 큰 개
들이 더 많다. 목줄에 묶이지 않고 원하는 만큼 모래사장을 뛰다가 물에 첨
벙 뛰어들어 주인이 던진 공을 물어오는 독일 개들을 보면 정말 부러울 것
하나 없는 삶이구나 싶다. 큰 개를 몇 마리씩이나 풀어놓고 함께 조깅을 하
는 사람들. 어느새 내 머릿속은 '도대체 독일 개들은 어떻게 이렇게 잘 훈
련 된 걸까?' 하는 질문으로 가득해진다. 독일에 살면서 개가 짖는 것을 본
게 언제인지 기억이 나지 않을 정도로 독일의 개는 온순하다. 혹자는 독일
에서는 어린 아이들보다 개가 더 잘 훈련되었다고 할 정도다. 인근 유럽 국
가 사람들도 독일 개는 유전적으로 뭐가 다른 게 아닐까 하는 농담을 한다.

독일은 개를 가장 사랑하고 어딜 가든 가장 환대하는 문화를 가졌다. 개를 그냥 동물이 아니라 정말 가족의 일원으로 여기는 것 같다. 아이들이 노는 놀이터나 상점이나 슈퍼 등 개의 출입을 금지하는 곳이 제한적으로 있지만 대부분의 식당, 바, 그리고 건물에서는 개의 출입을 자유롭게 허용한다. 일요일 오후 카페에 가면 테이블 아래서 주인이 식사를 하는 동안 낮잠을 늘어지게 자는 개도 있다. 친절한 식당에서는 개가 마실 수 있는 물통도 준비해 준다. 목줄이나 입마개에 대한 제한도 없어 공원에 가면 거의 대부분의 개들이 목줄 없이 마음껏 뛰논다. 언제나 가장 신기했던 장면은 어디에 묶여 있지도 않은데 슈퍼에 장을 보러 간 주인을 문 앞에서 한 발자국 움직이지 않고 가만히 앉아 기다리고 있는 모습이었다. 주변에 누가 지나가든 어떤 동물이 귀찮게 하든 그냥 그 개는 주인이 오기만을 기다렸다. 독일에서는 이런 개가 한둘이 아니다.

독일에서는 개가 주인의 '소유물'로 인정되고 그에 따라 기르는 개의 숫자만큼 세금을 내야 한다. 동물을 기르기 위해서 돈을 내야 한다면 아무래도 책임감이 조금 더 생길지도 모른다. 그러나 독일의 개가 다른 어느 나라보다 더 잘 훈련되어 있는 가장 큰 이유는 사회적인 압박으로 꼽는다. 개를 누구보다 사랑하고 개에게 관대한 문화를 가졌지만, 그에 따르는 주인의 책임에 대한 사회적 잣대는 또 가장 엄격하기 때문이다. 그래서 개에 관련한 책임 보험이 아주 잘 발달되어 있고 개로 인한 어떤 사고가 났을 때 주인이 부담해야 하는 법적 책임이 아주 강하다. 그래서 조금이라도 위험하거나 훈련이 제대로 되어 있지 않은 개는 주인 역시 자발적으로 입마개를 씌우고 되도록 사람들이나 다른 동물과의 접촉을 하지 않도록 제한할 수밖에 없다. 길을 걷다 자신의 개가 싼 똥을 치우지 않으면 누군가가 어느덧 뒤에 따라와 '똥을 치우라'고 잔소리를 할 것이다. 어떤 주에서는 최근 '개 주인 자격증'을 도입하는 법을 검토하고 있어 관심을 끌고 있다. 자격증을 얻기 위해서는 기본 개 교육 과정을 이수하여 시험에 통과해야 한다고 한다. 개에게 물리는 사건 사고, 개 짓는 소리로 일어나는 이웃간의 갈등을 생각하면 우리나라에서도 조금 고민해 볼 수 있는 제도가 될 수 있지 않을까 싶다.

❖ 북부 지역 추천 장소 ❖

☑ 카페 플릿슐로센(Fleetschlösschen)

웹사이트   fleetschloesschen.de
주소   Brooktorkai 17, 20467 Hamburg
    Ⓖ 53.544492, 9.997962

☑ 카페 엘프골드 로스트카페(elbgold Röstkaffee)

웹사이트   elbgold.com
주소   Lagerstraße 34c, 20357 Hamburg
    Ⓖ 53.563220, 9.967129

☑ 카페 밀히(Milch)

주소   Ditmar-Koel-Strasse 22, 20459 Hamburg
    Ⓖ 53.545957, 9.974615

☑ 함부르크 알토나의 피쉬 마켓
  (Fischmarkt in Hamburg Altona, 생선 시장)

주소   Große Elbstraße 9, 22767 Hamburg
    Ⓖ 53.544786, 9.951705

☑ 미터리 레스토랑([m]eatery bar + restaurant)

웹사이트   meatery.de
주소   Drehbahn 49, 20354 Hamburg
    Ⓖ 53.556616, 9.986828

☑ 폴켄로스 카페(Wolkenlos in Timmendorfer Strand)

웹사이트   wolkenlos-timmendorf.de
주소   Strandallee 144, 23669 Timmendorfer Strand

☑ 무쉘 레스토랑
  (Restaurant Muschel, 샤보이츠 해변 도시)

웹사이트   restaurant-muschel-haffkrug.de
주소   Strandallee 10, 23683 Scharbeutz
    Ⓖ 54.051173, 10.751742

A TOAST TO
GERMANY